너에게
행복을
선물할게

알려드립니다

그림의 정보는 [작가명, 작품 제목, 소재, 크기, 소장처] 순으로 최대한 알려진 정보를 기록했습니다. 잘못된 정보나 채워야 할 정보가 있다면 수정해나가도록 하겠습니다. 그림의 크기는 세로 · 가로이며 단위는 센티미터로 통일했습니다.

명화를 눈으로 직접 보는 듯한 생생한 느낌을 드리고자, TPA코리아의 이미지 디렉팅 기술을 통해 작품의 선명한 색감과 붓터치를 살렸습니다.

하루 10분 엄마 미술관

너에게
행복을
선물할게

김선현 지음

RHK
알에이치코리아

엄마도 아이도 행복한 시간, 하루 10분

차병원 미술치료클리닉에서 근무한 지도 만 10년이 지났습니다. 국내 최고라 평가받는 여성 전문 병원에 근무한 덕에, 엄마와 아이들을 더 많이 만날 수 있었습니다. 그 수많은 엄마들에게 저는 "엄마로서의 나는 어떤 모습인가요? 스스로를 좋은 엄마라고 생각하나요?"라는 이 질문을 빠지지 않고 합니다. 물론 대화 흐름에 따라 말은 달라질 수 있지만, 엄마로서 자신을 어떻게 평가하는지 묻는 과정은 꼭 필요하거든요.

누군가에게는 아픈 곳을 콕 찌르는 질문일 수 있고, 대답하기 곤란한 질문일 수도 있지만 엄마가 스스로를 어떻게 생각하느냐에 따라, 평소 감정 상태와 육아의 모습, 삶의 만족도가 매우 달라지고 치료에 접근하는 방식도 달라지기 때문이죠. 이 질문 하나가 엄마의 많은 부분, 나아가 아이의 마음까지 들여다보는 힌트가 됩니다.

엄마가 불행하면 아이는 행복할 수 없습니다.
엄마의 행복은 아이가 평생을 가져갈 커다란 자산이 됩니다.

아기가 행복하려면 엄마가 반드시 행복해야 합니다. 엄마가 엄마로서의 삶이 행복하다고 느낄수록, 아이의 요구에 민감하게 반응하고 더 편안하고 즐겁게 육아를 합니다. 이런 엄마들은 스스로 자신이 육아를 꽤 잘하고 있다고 평가합니다. 이렇게 엄마의 자아효능감이 높을수록 엄마가 육아를 긍정적으로 받아들입니다. 엄마의 긍정적인 육아 태도는 아이의 정서적 안정감에 영향을 미치고요.

스스로를 행복하고 유능한 엄마라고 생각하는 엄마 손에서 자란 아이들은 구김 없이 밝고, 행복하며, 자존감 높고, 사회성이 좋습니다. 감정 조절 능력이 뛰어나 사람들에게 사랑받는 리더로 성장합니다. 행복한 아이는 상대적으로 학업 성취도가 높다는 연구 결과도 있습니다. 엄마가 행복한 육아는 아이가 평생 가져갈 심리적 기반, 돈으로 절대 살 수 없는 귀한 자산이 됩니다. 그 외에도 전 세계 수많은 연구자들이 행복한 육아가 엄마와 아이에게 신체와 정신에 긍정적인 영향을 미친다고 입을 모아 말합니다. 꼭 연구까지 갈 필요도 없이 엄마들이 이 사실을 더 잘 알고 있지요. 엄마의 감정 상태에 따라 아이의 정서가 크게 달라진다는 것을요.

엄마와 아이 마음에 행복을 채워주는
그림을 함께 나누고 싶습니다.

모두가 행복한 엄마가 되고 싶을 거예요. 그래서 아이에게 행복한 세상을 주고 싶을 거예요. 하지만 엄마의 삶이 참 녹록치 않습니다. 저 역시도 남자 아이 둘을 양가 도움 거의 없이, 보모도 없이 키워야 했기 때문에 얼마나 어려운 일인지 잘 알고 있습니다. 사회적으로 한창 바쁘게 일해야 했던 때가, 아이에게 엄마가 가장 필요한 시기이기도 해서 늘 부족한 시간과 싸워야 했습니다. 도무지 행복이 스밀 틈이 없을 것 같았지만, 다행히 저와 아이들 곁에는 좋은 그림들이 있었습니다.

스트레스로 갑자기 마음이 꽉 막힐 때도, 자신감이 뚝 떨어질 때도, 호르몬 변화로 감정이 요동칠 때도, 문득 불행하다는 생각이 들 때도, 잠이 오지 않을 때도, 심지어 입덧으로 속이 울렁거릴 때도 그림이 함께였습니다. 그 덕에 매 순간 행복을 놓지 않고 육아할 수 있었고, 아이들도 어려운 와중에 마냥 밝고 행복하게 자랄 수 있었습니다.

그렇다면 어떤 그림이 좋은 그림일까요? 일을 하며 셀 수 없이 많은 작품을 만나지만 제가 좋아한 그림들은 마냥 예쁘거나 유명하기만 한 작품들은 아니었습니다. 보는 사람마다 상황에 따라 다양한 감정을 털어놓는 그림, 마음 상태에 따라 매일 조금씩 다르게 느껴지는 그림, 신체 에너지를 끌어올려주는 그림, 부정적인 감정을 가라앉혀주는 그림 등 클리닉에 찾아오는 사람들의 고민을 들어주는 그림, 함께 보며 이야기를 나누었을 때 실제로 변화가 느껴지는 그림이 있었습니다.

이 책에는 저뿐 아니라 저의 미술치료실을 찾은 엄마와 아이들의 삶을 행복으로 채워준 그림이 담겨 있습니다. 아이의 행복을 최우선으로 바라기에 자신의 행복을 미뤄두는 마음 예쁜 엄마들을 위한 그림들입니다.

하루 10분, 엄마의 행복을 준비하세요. 모두가 잠든 밤도, 아침에 일어난 직후도 좋습니다. 가족들이 모두 집을 나선 혼자만의 시간이어도 좋고요. 현재의 감정 상태를 떠올려보고 그에 맞는 그림을 골라 보며, 행복한 감정을 채워보세요. 엄마 마음은 토닥, 아이는 크게 자라는 시간을 선물해드리겠습니다.

김선현

Part2 행복한 엄마를 위한 미술관 *The Happy Museum for Happy Mom*

Part 1

행복한
아이를 위한
미술관

Museum

Baby

Chapter 1

The Museum
for
Happy Baby

———— ◆ ————

네가 충분히
행복할 수 있도록

01

행복의 힘

*the Museum
for Baby*

◈　　후 불면 구멍이 날아갈 것 같은 가볍고 폭신폭신한 구름 위에
서 아기 천사가 곤히 잠을 자고 있습니다. 핑크색 꽃에 둘러싸인 천
사는 즐거운 꿈을 꾸고 있는지 꽃처럼 발그레한 입술 끝이 살짝 올
라가 있습니다. 저는 가벼운 우울감에 빠져 있거나 무기력증을 호
소하는 엄마들에게 이 그림을 제안합니다. 보기만 해도 미소가 지
어지고 행복한 기분이 들거든요.

행복이란 뭘까요? 비온 뒤 따스한 햇살을 맞을 때 느껴지는 따스함,
좋아하는 케이크를 한 입 베어 물었을 때 충족감, 마음이 맞는 친구
와 함께 수다를 떨 때의 즐거움, 갓난아기를 바라볼 때 느껴지는 벅
찬 감정들을 우린 행복이라고 합니다. 행복이라는 감정은 뇌에서
분비되는 50여 가지의 신경전달물질 중 하나인 도파민이라는 호르
몬이 분출될 때 느껴집니다. 그래서 다른 말로 '행복 호르몬'이라고
도 부릅니다.

그런데 임신이나 출산을 겪으며 엄마들의 몸에서는 호르몬이 평소와 다르게 분비됩니다. 그 결과 원치 않는 감정의 동요를 겪곤 하죠. 우울감을 모르던 사람도 자기도 모르게 기분이 바닥으로 축 가라앉기도 하고, 평소 같았으면 아무것도 아닌 작은 일로도 극도로 스트레스를 받기도 해요. 그때 이 그림처럼 행복한 감정이 빠르게 들게 해주는 행복 스위치가 필요합니다. 도파민은 행복을 느끼게 할뿐만 아니라 스트레스에서 벗어나는 데도 도움이 되거든요.

어린 아이에게 있어서 부모는 세상 그 자체입니다.
부모가 믿음직스러우면 아이는
세상이 믿을 만하다고 생각합니다.
엄마가 행복하면 아이는 자신이 살고 있는
세계가 행복하다고 생각해요.

특히 세상에 태어난 지 얼마 안 된 아이는 타인과 자신을 구분하지도 못합니다. 엄마가 행복해서 밝게 웃으면 아이는 마치 자신이 행복해서 웃고 있다고 느끼는 것이죠. 엄마가 행복해야 할 이유가 많습니다.

무척 힘이 들거나, 지친 날, 속상한 날에는 이 그림을 펼쳐보세요. 행복 스위치가 켜지며 저절로 미소가 지어질 겁니다.

레옹 바질 페로
잠자는 푸토

1882 | Oil on Canvas
45.7 × 53.3cm

Léon Bazille Perrault
Sleeping Putto

02

기다림의 설렘

*the Museum
for Baby*

◈ "만약 네가 오후 네 시에 온다면, 나는 세 시부터 행복해지겠지. 네 시에는 흥분해서 안절부절못할 거야. 그래서 행복이 얼마나 값진 것인지를 알게 되겠지."

생텍쥐페리의 《어린 왕자》에서 사막 여우는 어린 왕자에게 만나기 한 시간 전부터 행복할 거라고 이야기합니다. 하지만 여우가 기다린다고 해서 어린 왕자가 한 시간 일찍 오기를 바라지도 않습니다. 기다리고 설레는 한 시간이 여우로서는 행복이기 때문이죠. 행복은 어느 순간 갑자기 찾아들기도 하지만 이처럼 긴 시간 기다림 끝에 있기도 합니다.

존 윌리엄 고드워드
러브레터

John William Godward
The Love Letter

1913 | Oil on Canvas
80 × 39.8cm
Private Collection

"아이와 함께하는 미래가 어떨 것 같나요?"
아이를 가질 예정이거나 임신을 한 예비 엄마와 상담할 때는 늘 이 질문을 하곤 합니다. 행복한 사람, 긍정적인 사람들은 기다림에 대한 설렘, 할 수 있을 것 같다는 막연한 자신감, 알 수 없는 미래에 대한 기대감을 이야기해요.

그림 속 여인은 대리석 석상에 등을 기대고 러브레터를 읽고 있습니다. 오른손 새끼손가락을 살짝 치켜들어 조심스레 편지지를 잡고 있는 반면 왼손으로는 편지 끝부분을 돌돌 감고 있는 걸 보면 편지 앞부분을 반복해서 읽고 있는 것도 같아요. 예상치 못한 고백이 었는지 표정은 다소 딱딱하지만 발그레한 볼에서 달뜬 감정을 느낄 수 있습니다. 여인에게 편지를 보낸 사람이 여인의 앞에 나타날 때까지 여인의 기다림이 시작될 겁니다. 그 기다림의 시간 동안 여인은 얼마나 설렐까요? 그 감정이 여기까지 느껴지지 않나요?

"아이와의 미래가 어떨 것 같나요?"

아이와의 미래, 엄마로서의 삶이 기다려지긴 하지만 불안한가요? 잘할 수 없을지 모른다는 막막함, 알 수 없는 미래에 대해 두려운 감정이 드나요? 기다림이라는 감정 끝에는 행복이 있습니다. 그 끝이 행복할 것 같아 기다리는 것입니다. 조금 불안하고 조금 막막하더라도 기다림의 시간을 행복으로 채워보시기 바랍니다.

03

지금 행복한가요?

the Museum
for Baby

◆　엄마가 되는 건 정말 행복한 일입니다. 하지만 행복하다고 해
서 전혀 힘들지 않다는 것은 아니에요.
페이지를 넘기면 가족이 있는 그림이 나옵니다.
그림 속 엄마는 어떤 기분일까요? 어떤 생각을 하고 있을까요?
페이지를 넘겨 그림을 천천히 보며 그림 속 인물들은 어떤 사람들
일지, 어떤 상황일지, 어떤 감정을 품고 있을지 생각해보세요.

메리 커샛
배 타기

Mary Cassatt
The Boating Party

1893-1894 | Oil on Canvas
900 × 1173cm
National Gallery of Art, Washington, D.C.

"그림 속 엄마가 어떤 생각을 하고 있을 것 같나요?"

미술치료실을 찾아온 엄마들에게 이 그림을 보여주고 질문해보면 다양한 답변이 나옵니다.

"노 젓는 아빠는 뭔가 화가 난 것 같고요 엄마와 아이는 아빠의 눈치를 보는 것 같아요." "아빠가 아니라 집에서 일하는 사람 같아요. 부잣집 같아 보이는데요." "단란한 가족의 나른한 오후 뱃놀이 모습이네요. 저도 같이 가고 싶어요." "아기 엄마는 배가 넘어 갈까 봐 긴장한 표정 같아요."

상담을 할 때 요새 기분과 감정이 어떤지 단도직입적으로 물으면 부정적인 부분을 자신도 모르게 감추고 포장할 수 있습니다. 그래서 해석이 다양하게 나올 수 있는 말이나 그림 등을 제안하고 문장을 완성하게 하거나 어떤 감정이 느껴지는지 이야기해보라고 하지요. 심리 검사의 일종인 투사 검사입니다.

엄마가 힘들어 보인다고. 지쳐 보인다고 대답하는 엄마들은 지금 힘이 들고, 지친 상태일 가능성이 큽니다. 반대로 단란한 가족 같다고 대답한 엄마들은 가족 안에서 안정감을 가지고 있을 가능성이 크고, 엄마가 첫 외출이라 긴장한 것 같다고 대답한 엄마들은 아이를 키우는 게 조심스럽고 조금은 긴장하고 있을 가능성이 커요. 다소 딱딱해 보이는 그림 속 엄마의 표정을, 마음이 힘든 엄마들은 육아에 지친 엄마로, 행복한 엄마들은 행복한 가족 나들이 중 흔들리는 보트 때문에 긴장한 엄마로 봅니다.

엄마뿐 아니라 아이와 아빠의 표정도 각각 다르게 읽습니다. 아이가 배 멀미를 하다 지친 것 같다고 말하는 사람이 있는가 하면, 낯선 주변 풍경을 둘러보느라 정신없는 것 같다고 대답하는 사람들도 있지요. 힘차게 노를 젓고 있는 아빠를 보는 사람이 있는가 하면, 노를 젓느라 힘들 것 같다고 대답하는 사람도 계시거든요.

이 그림을 어떻게 읽느냐에 따라 육아 스트레스를 해소하는 것을 목표로 미술 치료나 상담을 권하기도 합니다.

자, 이 그림이 어떻게 읽히셨나요?
내 대답은 어느 쪽에 가까운가요?
지금 행복한 엄마인가요?

04

화목한 가정의 비밀

the Museum
for Baby

◆   행복을 언제 어떻게 느끼게 될까요?

행복도 배움을 통해 알게 됩니다. 지금 느껴지는 이 감정에 어떤 이름을 붙일지 모를 때, 곁에서 누군가가 "지금 행복하니? 나도 행복하단다."라고 가르쳐주면 아이는 '아 이 감정이 행복이구나. 이런 감정이 들면 행복하다고 이야기하는 거구나.' 하고 행복을 알아갑니다. 사소한 일에도 '이것도 행복이란다.' 하고 주변에서 자주 가르쳐주면 아이는 언제든 행복을 발견할 수 있게 돼요.

프레더릭 모건
첫 걸음마

Frederick Morgan
First Steps

Oil on Canvas
68.6 × 92cm
Private Collection

아이의 첫 걸음마를 엄마와 언니가 함께하고 있습니다. 아이가 첫 발을 떼기를 오랫동안 기다렸는지 엄마는 외출할 때 이미 보드라운 걸음마 신발을 챙겼나 봅니다. 언니는 동생이 넘어지지 않도록 뒤에서 든든하게 붙잡고 있습니다. 언니의 시선은 엄마의 손을 향해 있습니다. 동생이 엄마 손까지 무사히 갈 수 있기를 바라고 있는 거겠죠. 아이의 시선은 엄마의 얼굴을 향해 있습니다. 서툰 걸음이지만 아이는 무사히 엄마의 품에 안길 수 있을 거예요.

행복한 공간에서 아이의 첫 걸음마에 집중하고 있는 가족들, 모두가 같은 마음으로 하나의 작고 행복한 이벤트를 즐기고 있어요. 행복한 가정은 함께 행복을 느낄 작은 기회도 잘 포착합니다. 탁 트인 야외 공간이지만 이들을 감싼 나무와 꽃들이 안정감과 편안함을 더해줘 행복을 느끼기에 최고의 무대가 되었습니다. 핑크색 옷을 입은 아이의 표정은 긴장감이 전혀 없이 마냥 편안해 보입니다. 엄마의 핑크색 머리끈과 허리에 묶은 리본이 더욱 부드러운 분위기를 만듭니다.

핑크는 행복을 대표하는 색입니다.
또 핑크는 모성애, 나아가 엄마의 자궁을
연상시키는 색이기도 합니다. 엄마 품처럼
부드럽고 달콤한 감정을 느끼게 하지요.

여자아이들은 특히 핑크색을 좋아합니다. 만 2세쯤 되면 아이들은 자신이 여자인지 남자인지 인식하고, 성별에 따라 옷차림이 다르다는 것을 느끼기 시작합니다. 자아가 확실해지고 취향과 기호가 생겨나면서 아이들은 자신이 좋아하는 색의 옷을 고집하기 시작하죠. 예쁘고 여성스러운 걸 좋아하는 아이들은 동화 속 공주님이 입은 예쁜 드레스 같은 핑크색에 푹 빠집니다.

아이가 핑크색을 고르면서 행복해하고, 핑크를 손에 넣었을 때 활기를 띤다면 핑크를 고집할 때 그냥 흐뭇하게 바라봐주세요. 핑크색은 신체 에너지를 자극하고 온화함과 평화로움을 동시에 불어넣어요. 동화 속 공주가 된 기분을 느끼며 현실의 피로를 잊게 하는 효과도 있습니다. 옷으로 자신을 표현하는 시기를 지나게 되면 장난감이나 친구 등 다른 대상으로 관심이 점차 옮겨질 거예요. 그러니 아이가 잠시 핑크 속에서 행복할 수 있도록 도와주세요.

05

하루 10분,
온전히 나를 위한 시간

*the Museum
for Baby*

◈   유독 신생아를 키우는 엄마들의 눈길이 오래 머무는 그림입니다. 당당한 눈빛, 힘 있는 자세, 단단히 디딘 발, 그 뒤를 감싸고 있는 환한 빛까지. 그림 속 여인에게는 우아한 드레스로도 감출 수 없는 에너지가 있습니다.

실제 엄마의 삶은 어떤가요? 두 발을 땅에 붙이고 설 틈도 없이 바쁜 날도 있습니다. 한때는 나도 세상 두려울 것 없이 이렇게 당당할 때도 있었던 것 같은데 말이죠.

마리 드니즈 빌레르
샤를로트 뒤 발 도네스의 초상

1801 | Oil on Canvas
161.3 × 128.6cm
Metropolitan Museum of Art, New York

Marie-Denise Villers
Portrait of Charlotte du Val d'Ognes

엄마로 산다는 건 갑자기 수많은 일을 동시에 처리해야 하게 되었다는 것과 같습니다. 내 일 외에도 아이의 일, 가족의 일까지 챙기다 보면 하루가 정신없이 지나갑니다. 마치 몸에 시계라도 장착된 양, 다음에 해야 할 일, 그 다음에 해야 할 일에 떠밀려 움직이게 되거든요. 또 항상 주변에 누군가가 있다 보니 혼자만의 시간도 갖기 힘이 듭니다.

조용한 카페에서 차 한 잔. 시원한 밤바람을 만나는 공원 산책, 여유 있는 독서. 혼자일 때는 마음만 먹으면 시간을 가질 수 있었는데 육아가 시작되면서부터 너무도 어려운 일이 되어버렸습니다. 하지만 이렇게 수많은 일을 해나가야 하는 엄마라서 더더욱 시간을 내야 해요. 잠시 감정을 비우고 숨을 골라야 행복도 인식할 수 있고 그 다음 걸음도 내디딜 수 있지요. 똑같이 바쁜 하루도, 정신없이 떠밀리느냐 한 걸음 한 걸음 의식하느냐는 이 혼자만의 시간에 달렸습니다.

아이가 잠든 후 어질러진 집을 보면 집을 정리해야 할 것 같고, 집을 정리하다 보면 어느새 내려앉은 먼지가 눈에 보이겠지만 잠시 이 모든 것을 내려놓으세요.

행복한 감정이 채워질 수 있도록
하루 5분이라도 온전히 나를 위한
시간을 만드세요.

왜 이 그림이 엄마의 눈길을 사로잡는 걸까요? 내가 하고 싶은 일을
해내겠다는 의지와 갈망이 그림 너머까지 느껴져서는 아닐까요?

이 그림은 마리 드니즈 빌레르가 1801년에 완성한 자화상이지만
20세기 중반까지 자크 루이 다비드의 작품으로 오해를 받았습니다.
덕분에 여성 화가를 낮잡아보던 편견에서 벗어나 자유롭게 찬사를
받은 작품이기도 합니다. 여성 화가가 설 자리가 별로 없던 시대에
도 그림을 그리겠다는 빌레르의 의지가 현재까지도 그림을 보는 사
람들에게 생생하게 닿습니다.

06

기쁨을 환희로
끌어올리기

*the Museum
for Baby*

◆   꽃을 선물하는 것은 '당신을 행복하게 해줄게요.' '당신의 행복을 나도 기뻐하고 있어요.'의 다른 표현입니다. 꽃은 그 자체로 아름다울 뿐 아니라 향기와 생기가 후각과 촉각도 함께 자극해 기분이 좋아지게 만들죠.

아기의 탄생만큼 커다란 축복이 또 있을까요? 그래서인지 아기 탄생을 축하하는 꽃 선물을 많이 합니다. 그런데 종종 산모에게 순수함과 깨끗함을 상징하는 웨딩 부케 같은 하얀색 꽃바구니를 선물하는 걸 볼 수 있습니다. 출산 후 몸과 마음이 지쳐 있는 상태인데다 우울감에 빠지기 쉽기 때문에, 산모에게는 하얀 꽃다발보다는 다양한 색깔의 꽃을 선물하는 게 더 좋습니다.

우크라이나의 여성 화가인 비오쿠르의 꽃 그림입니다. 우크라이나를 대표하는 여성 화가인 비오쿠르는 주로 자연물, 꽃과 식물 그림을 그렸습니다. 그녀의 그림들에서는 생생한 생명력과도 같은 따뜻하고도 부드러우며 강한 기운이 느껴집니다.

이 그림은 꽃의 생기와 생명력이
노란색으로 표현된 듯 신비롭고,
행복함을 더욱 끌어올려줍니다.

특히 노란색은 태양의 색입니다. 침체된 에너지를 상승시킬 뿐 아니라 행복한 감정을 더욱 증폭시킵니다. 노란색이 지니고 있는 자체의 부드럽고 강한 에너지가 그림 전면을 차지하고 있어 가라앉은 기운을 살려줍니다. 또한 노란 에너지가 오른쪽 면을 타고 곡선을 그리며 상승하는 구도로 되어 있어 누구든 부드러운 행복 에너지가 상승하는 것을 느낄 수 있습니다. 보라색, 주황색 등 다양한 색의 꽃과 초록색 잎이 어우러져 기분을 밝게 합니다. 우측 위에는 작은 빨간색 꽃이 뿌려져 있어 상큼한 느낌마저 주네요. 다양한 컬러는 스트레스 해소에 도움이 됩니다.

행복하게 만들어주는 그림을 거실이나 침실 등 손이 닿는 곳에 두고 매일매일 보면 좋습니다. 그림에는 자기 암시 효과도 있습니다. 좋은 그림을 보면서 '행복하다' 생각하면 더욱 행복해지거든요.

카테리나 바실리브나 비오쿠르
꽃 장식

Kateryna Vasylivna Bilokur
Decorative flowers

1945 | Oil on Canvas | 60×34cm
Bukowski's Auctions, Stockholm

07

편안함이
가득한 공간에서

the Museum
for Baby

◆　　파란 하늘, 초록이 싱그러운 숲, 파도소리만 들리는 공간.

열심히 일에 매진했다면 제대로 쉼도 필요합니다. 바쁘고 분주한 일
상에서 벗어나고 싶은 사람들은 휴가지로 자연을 선택하지요. 자연
에 있으면 스트레스 호르몬인 코르티솔의 수치가 낮아집니다. 그래
서 스트레스가 극에 달하는 환자들에게 숲 체험을 적극 장려하지요.

페데르 모크 몬스테드
라벨로 해안

Peder Mork Monsted
The Ravello Coastline

1926 | Oil on Canvas
Private Collection

그러나 도시에서 분주히 생활하는 사람들은 가고 싶다고 언제나 바다나 숲을 찾아갈 수는 없습니다. 특히 아이를 키우고 있는 상황에서는 내 마음대로 삶을 계획하지도, 움직일 수도 없습니다. 자유롭지 못하고 시간에 쫓기죠. 시간이 나더라도 지친 몸을 누이는 게 더 급할지 모르고요. 이럴 때는 풍경화를 보기만 해도 스트레스 해소가 됩니다.

파란색, 초록색은 자연을 연상시킵니다.
꼭 바다나, 숲에 가지 않아도
색만 떠올려도 몸과 마음이 편안해집니다.

비밀은 컬러에 있습니다. 풍경화를 보고 기분이 좋아진 것 같은 느낌이 드는 이유가 있습니다. 사람들은 자기도 알게 모르게 심리적 정서적으로 색채의 영향을 받습니다. 스트레스가 높을 때 녹색과 청색을 보면 알파파가 상승하고 베타파가 감소합니다. 쉽게 말해 스트레스를 받을 때 녹색과 청색을 보면 긴장감과 스트레스가 감소하고 정서적 안정감이 들면서 휴식을 취하는 것같이 편안해진다는 겁니다. 탁 트인 풍경화를 보기만 했는데 실제로 기분이 좋아지는 것이지요.

일상이 답답하다고 말하는 분들, 하지만 당장 떠날 수 없다는 분들께 보여드리는 그림입니다. 이 그림을 보기만 해도 상담받으시는 분들의 표정이 훨씬 부드러워집니다. 숨이 트이는 것 같다고, 상쾌하다고도 말합니다.

광활한 자연 풍경 속에 엄마가 작은 아이를 안정감 있게 안아주고 있습니다. 큰 아이와는 눈을 맞추고 있는 것처럼 보이고요. 이미 그림 속의 가족들도 스트레스에서 벗어나 행복을 만끽하는 것처럼 느껴집니다. 자연뿐 아니라 스킨십도 코르티솔을 감소시키고 행복을 느끼게 해주는 옥시토신의 분비를 촉진시킵니다. 심리적으로도 소속감, 편안함, 안정감을 주지요.

08

일상을 작은 파티로

the Museum
for Baby

◆   어느 추운 겨울 마을에 손님이 옵니다. 마을 사람들은 다른 지역에서 온 방문자가 불편하지 않을까 분주히 길을 정비하고 나무를 손질하고 있어요. 하얗게 덮인 눈 위 사람들의 표정이 잘 보이지는 않지만 알록달록한 복장과 역동적인 움직임을 통해 마을 전체에서 설렘이 느껴집니다.

이웃집 문이 잠겨 있지 않던 어린 시절, 옆집에 귀한 손님이 온다고 하면 다 함께 모여 장도 보고 채소도 다듬고 전도 부치고 했습니다. 남의 집에 손님이 오는데도 하하호호 어찌나 즐거웠던지요. 시간이 지나도 그때의 기억은 참 따스하게 남아 있습니다. 분명 지금보다 어렵고 부족한 것투성이었지만 말이죠.

안나 메리 모제스
손님

Anna Mary Moses

Visitor

1959 | Oil and Glitter on Masonite

40.6 × 61cm

어린 시절을 행복으로 채워주는 것은 한 번의 커다란 선물보다 이처럼 작은 이벤트들이었습니다. 퇴근하는 아빠 손에 들려 있는 작은 캐러멜 한 통, 주말에 함께 만든 수제비 반죽, 엉망진창이지만 함께 장식한 생일 케이크 같은 것들이 아이의 나날을 작은 행복들로 채워줄 것입니다.

얼마 전《나는 죽을 때까지 재미있게 살고 싶다》를 읽었습니다. 책에 이런 이야기가 나옵니다. "부모가 자식에게 남겨줄 수 있는 최고의 재산은 물질적인 것이 아니라 바로 '내 부모는 정말로 행복하고 즐거운 삶을 살았다'고 느끼는 것이다."

사소한 신나는 일을 자꾸 만들어주세요.
평범한 일도 작은 이벤트처럼 느끼게 해주세요.
아이의 평생을 함께할 행복한 시간이 쌓여갑니다.

09

둘이라서
두 배보다 더 큰 행복

*the Museum
for Baby*

◆   아직 나 하나 제대로 어찌하지 못하는데 한 사람의 생까지 온전히 두 손에 얹은 기분. 작은 아이를 처음 안았을 때 들었던 부담감과 책임감이 지금도 기억이 납니다. 세상의 모든 육아는 힘들고 어려운 법이지만, 쌍둥이나 터울이 별로 없는 연년생을 키우는 부모는 더 힘이 듭니다. 동시에 아이 둘을 돌봐야 하고, 두 아이의 욕구를 잘 살펴 충족시켜주어야 하기 때문이죠.

특히 연년생의 경우에는 신체 및 인지 발달 속도는 다르지만 두 아이 모두 엄마의 돌봄이 필요한 시기라 사랑도 관심도 다르게 표현하고 부어주어야 합니다. 그러다 보니 아이 사이에 다툼도 잦고 부모는 부모대로 두 아이의 요구를 따라다니느라 힘이 듭니다. 무엇보다 출산과 임신을 연달아 겪은 엄마는 체력이 약해질 대로 약해진 상태에서 두 아이를 돌보는 것이 육체적으로 버겁습니다.

이 그림은 연년생 아이를 키우는 엄마들의 시선이 오래 머무는 그림입니다. 아주 어린 아이들을 키우는 엄마는 '아이가 곧 커서 이렇게 친구가 될 수 있겠지?' 하는 미래에 대한 기대로, 아이가 유치원생 정도 되는 엄마는 '맞아. 이렇게 함께 자라고 있지.' 하며 사랑스러운 아이들을 떠올리며 미소를 짓습니다.

만 3세가 지나면 아이들은 엄마의 손을 벗어나 또래에게 갑니다. 연년생 육아에서 가장 큰 장점은 엄마의 손이 왕창 필요한 유아기만 지나고 나면 서로에게 좋은 친구가 될 수 있다는 점입니다. 또한 아이의 발달 상태가 점차 비슷해지기 때문에 음식을 하거나 여행, 견학, 놀이 등을 할 때 어느 한 아이를 기준으로 삼지 않아도 되는 것도 하나의 큰 장점입니다.

모든 엄마에게 통용되는 말이지만,
특히 연년생 엄마는 완벽한 엄마가 되어야 한다는
강박을 버리는 게 좋아요.

부모의 양육태도를 연구한 결과 과보호를 하지 않을수록 아이의 행복감이 높았어요. 게다가 엄마와 자신을 한 몸처럼 여기는 갓난아이와 분리불안이 가장 높은 시기인 돌 이후 아이를 동시에 만족시킬 수는 없습니다. 그러니 두 아이 모두 마음속 깊이 사랑하고, 최선을 다하고 있는 것으로도 이미 충분히 좋은 엄마입니다.

1885 | Oil on Canvas

46.2 × 56cm

Kelvingrove Art Gallery and Museum,

Glasgow

메리 커샛

자매

Mary Cassatt

The Sisters

Chapter 2

The Museum
for
Active Baby

항상 활기차고
빛나는 아이

01

언제나
노래하듯 춤추듯

the Museum
for Baby

◆ 몸의 움직임과 자세, 습관이 심리를 좌우한다는 연구 결과가 있습니다. 심리적으로 어려움을 겪고 있는 사람은 어깨가 경직되어 있고 등이 굽어 있으며 호흡이 자연스럽지 않고 움직임도 가라앉아 있습니다. 반대로 자신감 있는 사람은 자세가 자연스러우면서도 반듯하고 힘 있게 움직입니다. 몸과 마음은 서로 연결되어 있습니다.

오늘 따라 몸이 무거운 날,
손끝 하나 까딱하기 힘든 날,
신체 에너지가 가라앉아 있는 날
보면 좋은 그림입니다.

이 그림은 움직이고자 하는 욕구를 북돋고 침체된 에너지를 상승시
킵니다. 하얀 댄서가 마치 하늘을 날듯 높이 뛰어 올랐습니다. 댄서
주위로 노란 색 에너지가 분출하고 있는 듯합니다. 아래 검은 댄서
는 그 움직임을 받아주듯 같은 방향으로 역동적으로 몸을 기울이고
있습니다. 두 댄서는 마치 한 몸처럼 내부의 에너지를 몸으로 표현
하는 듯합니다.

살아가다 보면 슬럼프를 겪을 때도 있을 겁니다. 평소 밝고 긍정적
인 사람도 365일 항상 즐겁기는 힘듭니다. 그럴 때 마음의 변화를
그저 받아들이는 것도 좋지만 어떻게든 기운을 끌어올리고 싶다면
이 그림을 잘 보이는 곳에 붙여두세요. 기운을 되찾는 데 도움이 됩
니다.

앙리 마티스
두 댄서

1937-1938 | Gouache on Paper, Cut and Pasted,
Notebook papers, Pencil, and Thumbtacks
80.2 × 64.5cm
Centre Georges Pompidou, Paris

Henri Matisse
Two Dancers

02

미소 짓는 연습

the Museum
for Baby

◆   웃음은 쉽게 전염됩니다.

옆 사람이 깔깔 웃는 걸 지켜보다 함께 웃어버린 경험 있을 겁니다. 영문도 모른 채 말이죠. 정말 즐거워서 웃든, 따라 웃든, 억지로 웃든, 가짜로 웃든 웃음은 신체적으로나 정신적으로 긍정적인 영향을 줍니다.

웃음은 우울, 공포, 두려움, 분노, 죄의식, 불안, 스트레스 같은 부정적인 감정을 낮춰주고 자존감은 향상시키는 등 사고 패턴을 긍정적으로 바꿔주는 역할을 하지요. 그뿐 아니라 인체의 순환기, 호흡기, 면역계에 긍정적인 영향을 주는 것으로 보고되고 있습니다.

로버트 헨리
웃는 아이

1910 | Oil on Canvas
61 × 50.8cm
Birmingham Museum of Art, Alabama

Robert Henri
The Laughing Boy

혼자 웃기 멋쩍을 때 함께 웃어줄 그림입니다. 〈웃는 아이〉를 보고 미소 짓지 않는 분은 거의 없어요. 누가 보아도 저절로 웃음이 나오고 기분 좋아지는 그림입니다. 천진하고 자연스러운 아이의 표정을 보며 함께 웃어보세요.

웃는 걸 어색해하는 분들이 있습니다. 사회문화적으로 어린 시절부터 감정 표현을 억누르는 것부터 배웠기 때문일 거예요. 한국 사회에서는 좋아도 너무 좋아하지 말아야 하고, 슬퍼도 금세 털어버려야 한다고 가르치곤 하죠. 울음을 꾹 참아야 칭찬을 받습니다.

하지만 다양한 감정을 경험하고 표현하는 것이
삶을 더욱 다채롭게 만들어줍니다.

특히 긍정적인 감정을 느끼기 위해 돈과 시간을 써서 재밌는 것을 찾고, 좋은 경험을 하고자 노력하곤 하는데, 일부러 억누르는 것은 큰 손해예요.

매일 활짝 웃는 연습을 해보세요. 기분이 밝아지는 것이 느껴질 거예요. 웃음이 어색해질 틈을 주지 마세요. 웃음이 잘 안 나오는 날은 이 그림을 펼쳐 보세요.

아이에게 웃음을 자주 보여주세요.

아이가 꺄르르 웃을 때 함께 웃어주세요. 웃음은 행복한 감정을 외부로 표출하는 것이며, 두 사람 사이를 가장 가깝게 만드는 의사소통 방식입니다. 엄마가 함께 웃어주면 아이는 자신의 감정에 공감을 받는다 느끼고 더 잘 웃는 아이가 됩니다. 잘 웃는 사람은 인간관계도 좋고, 무슨 일을 하든 만족도도 높으며 생산성도 좋다는 연구 결과가 있어요. 아이에게 이보다 좋은 선물이 있을까요?

03

밝은 것을
봅니다

*the Museum
for Baby*

◆   장마철에는 비구름 때문에 일조량이 줄어듭니다. 평소 비를 좋아하던 사람도 연일 흐린 날이 계속되면 왠지 기분이 축 가라앉습니다. 기분 탓인지 소화도 잘 되지 않는 것 같고 밤새 들리는 빗소리에 잠도 잘 오지 않는 것 같습니다.

흐린 날이 계속되면 몸 속 멜라토닌과 세로토닌 호르몬의 균형이 흔들립니다. 수면 유도 호르몬인 멜라토닌의 분비가 늘면 생체 리듬이 깨져 낮엔 졸리고 밤엔 몽롱해 불면증이 생길 수 있어요. 행복 호르몬인 세로토닌이 줄어 우울한 기분이 들고요.

요코야마 다이칸
동틀 무렵

Yokoyama Taikan
Breaking of Dawn

1940 | Color on Paper

비가 많이 내리고 일조량이 다소 적은 영국에서는 국민을 위해 우울증 예방 프로그램을 운영한다고 합니다. 햇빛이 환히 비추고 바람이 부는 날씨는 그와 반대의 영향을 줄 것입니다.

따뜻한 햇살이 내리쬐는 바닷가입니다. 파도마저 잔잔하고 동그랗게 밀려드는 것이 바람마저 숨을 죽이고 있는 듯해요. 평화롭고 온화한 바닷가입니다.

햇볕은 우리의 삶에 공짜로 주어진 축복이에요.
햇볕을 쬐는 것만으로도 행복감을 느낄 수 있고,
잠도 충분히 잘 수 있으니 말입니다.

봄과 가을에 바람과 햇볕을 느끼기 가장 좋은데, 안타깝게도 요즘에는 미세먼지와 황사 때문에 햇볕을 제대로 쬘 기회가 별로 없습니다. 또 실내에서 주로 생활하게끔 환경이 변하고 있어요. 누군가를 만날 때도 대형 쇼핑몰 안에서 모든 것을 해결할 수 있습니다. 게다가 이동할 때 지하철을 이용한다면 하루에 햇볕을 쬐는 시간이 얼마 되지 않을 정도지요.

실컷 태양 아래서 뛰어 놀아야 하는 아이들조차 혼자서 맘껏 바깥을 다닐 수 없는 사회 분위기와 자연 환경 때문에, 학원에 가야 하는 등의 이유로 야외 활동이 확연히 줄었습니다.

이제는 부모가 일부러 기회를 만들어주지 않으면
햇볕의 축복을 누리기 힘들어요.

이동 중에라도 햇볕을 충분히 쪼일 수 있도록 해주세요. 주말에 함
께 시간을 보낼 때 밝은 햇살 속을 뛰놀 수 있게 해주세요. 자연을
벗 삼아 놀 기회를 만들어주세요.

04

끊임없는 파도처럼
역동적으로

the Museum
for Baby

◆　역동적인 화가, 하면 칸딘스키를 빼놓을 수 없습니다.

그림을 보면 그림을 그릴 당시 화가의 감정, 상황이 느껴지는 듯합니다. 칸딘스키의 그림에서는 율동감과 운율이 느껴집니다. 생동감이 넘칩니다. 점, 선, 면으로 이뤄진 다채로운 구성, 다양한 컬러가 감각적으로 조화를 이루면서 살아 움직입니다.

그림을 감상하면서 역동감을 느껴보세요. 내가 그림 한가운데 서 있다고 상상해보세요. 그림의 움직임을 함께 느껴보세요.

중앙에 묵직하게 자리 잡은 빨강, 파랑, 노란 원 위로, 선으로 그려진 동그랗고 사각형의 명확한 도형들, 흐르듯 물결치는 선들, 흩뿌려진 점까지 자유분방한 힘이 느껴지는 작품입니다.

칸딘스키 그림 중에서도 특히 제가 이 작품을
권하는 까닭은 검은색 바탕이 전체적인 분위기를
단단히 잡아주어, 활기차되 산만하지 않기 때문입니다.

하루를 열기에도 좋은 그림입니다. 침대 곁에 두고 잠에서 깨어 밝은 음악을 틀고 이 그림을 보며 활기차게 하루를 시작해보세요.

1935 | Mixed Technique, Canvas | 89×116cm
The State Tretyakov Gallery, Moscow

Wassily Kandinsky
Movement I

바실리 칸딘스키
움직임 I

05

보기만 해도
힘이 나는 것

*the Museum
for Baby*

◆ 　외국에서 학교를 다녔던 학생에게 우리나라 수업과 어떤 점이 차이가 큰지 물었더니, 체육 수업이 기억에 남는다 했습니다. 흥미와 선호에 따라 체육 수업을 다양하게 선택할 수 있고, 그러다 보니 즐겁게 참여할 수 있었다고요. 우리나라는 어떤가요? 모두 같은 이론을 배우고 그걸 실습하는 식으로 수업이 이뤄집니다. 우리나라는 몸에 대한 교육과 문화적 경험이 적은 편이라, 성인이 되어서도 몸의 사용법을 잘 모릅니다.

그림 속 아이들은 밝은 햇살이 가득한 공원의 작은 연못을 가운데 두고 뛰면서 빙글빙글 돌고 있습니다. 그림 가장 앞에 있는 여자아이는 그냥 뛰는 게 아니라 줄넘기를 돌리며 뛰고 있습니다. 아이들의 꺄르르 웃음소리가 여기까지 들리는 듯합니다.

많은 분들이 이 그림을 보면 힘이 난다고, 건강한 에너지를 받은 것 같다고 이야기합니다. 신나게 뛰고 달리는 소녀들의 모습을 보니 따뜻한 햇살을 받으며 뛰고 싶어졌다고 말하는 분들이 많습니다.

그림을 활기차게 느끼는 데는 비밀이 숨어 있습니다.
바로 빨강입니다.

빨간색은 시선과 인상을 집중을 시키는 효과가 있습니다. 컬러테라피에서 빨간색은 역동적이고 활발한 느낌을 끌어올리는 치료 효과도 있고요. 피곤하고 힘이 들 때 빨간 반지나 팔찌, 스카프를 착용하면 효과가 있습니다. 하늘 파란 날, 빨간 액세서리를 지니고 밖으로 나가보세요.

호아킨 소로야 이 바스티다
라그랑하에서의 줄넘기

1907 | Oil on Canvas

105×166cm

Museo Sorolla, Madrid

Joaquín Sorolla y Bastida
Skipping Rope at La Granja

06

움직일 힘이
조금도 남지 않았을 때

*the Museum
for Baby*

◆ 일하는 엄마에겐 일생에서 일에 가장 집중해야 할 시기가, 아이들이 엄마 손을 가장 필요로 할 때이기도 하죠. 저 역시도 가정과 사회에서 해야 할 일에 치여 너무도 지치고 피곤한 시기가 여러 번 있었습니다. 아무도 없는 조용한 공간에서 실컷 자고 먹고 쉬고 싶다는 생각이 늘 머릿속에 있었습니다. 하루, 아니 반나절이라도 푹 쉬고 싶은 갈망이 가득한 시기였습니다.

요코야마 다이칸
가을: 바다의 사계

Yokoyama Taikan

Autumn: Four Seasons of the Sea

1940 | Color on Paper

61.0×95.5cm

Adachi Museum of Art, Yasugi

그러다 업무차 방문한 바닷가에서 예상치 못하게 반나절의 시간을 보낼 기회가 생겼습니다. 무섭고 외롭기보다는 해야 할 일에서 모두 벗어나 멍하니 있는 시간이 정말 좋았습니다. 그렇게 반나절의 온전한 휴식을 채우고 났을 때, 내 안에 다시금 달릴 힘이 가득 채워진 것을 느꼈습니다.

몸과 마음이 모두 소진되어
도저히 기운이 나지 않을 때는 쉬어야 합니다.

끝까지 버티다 보면 소진 증후군이 생기기 쉽거든요. 조금 소진되었을 때는 금세 충전할 수 있지만, 완전히 소진되면 채우기 어렵습니다. 하루 10분의 짧은 시간일지라도 모든 할 일을 내려두고 깊고 고요한 휴식을 취해보시기 바랍니다.

07

주변 사람들을
끌어들이는 힘

the Museum
for Baby

◆　'에너지가 넘치는 사람'이라 하면 저는《삼국지》가 떠오릅니다. 능력이 출중한 영웅들이 등장하고 각자 새 세상을 만들어야 하는 명분과 상황이 얽혀 난세가 되고 이를 평정하는 이야기. 특히 남자 아이들부터 어른들까지 전 연령층이 좋아하는 책을 꼽을 때 늘 빠지지 않습니다. 소설뿐 아니라 만화, 게임 등 다양하게 접할 정도로 말이죠.

《삼국지》에는 에너지가 넘치는 수많은 영웅들이 등장합니다. 모두가 역사에 한 획을 그은 대단한 인물들이지만, 그중에서도 가장 말도 많고 해석이 분분한 인물은 조조가 아닐까 합니다.

과거에는 간웅이라 불렸지만, 현재는 재평가가 이뤄지고 있으니까요. 조조는 피도 눈물도 없다는 평가를 받음에도 불구하고 자기 사람과 평범한 백성들을 아꼈습니다. 지위와 상관없이 능력에 따라 인재를 배치했고, 때론 극적인 상황을 연출해 사람들을 자기편으로 끌어들이지요. 조조의 진짜 힘은 주변 사람들을 움직이는 에너지에서 나왔습니다.

누가 봐도 탐을 내는 최고의 조건을 갖춘 말이 있습니다. 하지만 누군가가 자신의 등에 오르는 것을 단 한 번도 허락한 적이 없습니다. 모두가 이 말을 탐내지만 섣불리 다가갈 수 없어 입맛만 다실 뿐이었죠. 한 용감한 카우보이가 그 말을 길들이고자 한판 승부를 벌였습니다. 흙먼지를 일으키며 하늘 높이 날듯이 뛰어오르는 말에 등에서 떨어질까 조마조마합니다. 결말은 알 수 없지만 카우보이가 말 길들이기를 쉽게 포기하지 않았을 것이 분명합니다.

이 그림을 보면 에너지가 가득하다는 생각이 드는 건 단순히 움직임이 역동적이어서만은 아닙니다. 최고의 말을 길들이기 위해 난폭한 말의 등에 올라타 거친 저항에도 강하게 버티는 카우보이의 집념이 느껴지기 때문입니다.

주변 사람들에게 강인한 에너지를
나눠주는 사람이 있습니다.
곁에 있으면 든든하고 힘이 나는 사람,
믿음을 주는 사람 말이죠.

에너지가 넘친다는 것은 어떤 어려움에도 포기하지 않는 것, 매사에 열정적인 것, 호기심이 끊이지 않는 것과 동의어입니다. 아이가 포기하지 않는 힘, 열정을 이어갈 수 있는 힘, 호기심을 끝까지 파고드는 힘을 키울 수 있도록 도와주세요.

찰스 매리언 러셀   1904 | Lithograph
나쁜 말

Charles Marion Russell

A bad hoss

08

에너지가
차오르는 순간

the Museum
for Baby

◆ 늘 밝은 목소리로 인사하고, 활짝 웃으며, 다른 사람들의 이야기를 귀담아듣고, 귀찮은 일도 나서서 후딱 해치우는 사람들이 있습니다. 에너지가 넘치는 활동적인 사람들은 내면에 작은 발전소를 품고 있는 양 밝고 활기찬 기운을 뿜어냅니다.

쿠노 아미에트
노란 언덕

Cuno Amiet

The Yellow Hill

1903 | Tempera on Canvas

98×72cm

Kunstmuseum Solothurn, Solothurn

신체 에너지를 끌어올리는 컬러가 있습니다. 소위 따뜻한 컬러라고 말하는 색, 붉은색, 주황색, 노란색 같은 난색은 혈압과 맥박수를 높입니다. 따뜻한 색은 근육 긴장감을 강하게 하고, 공복감을 크게 느끼도록 하여 식욕도 상승시킵니다. 또한 시간이 빠르게 가는 것처럼 느껴지도록 합니다. 따뜻한 컬러를 가까이 하면 신체 에너지가 활성화되고 빠른 시간 속에서 활기차게 생활할 수 있을 겁니다.

활기찬 사람들은 따뜻한 색 중에서도 노란색을 좋아합니다. 색채심리학에서 노란색은 상쾌한 느낌, 찬란한 느낌을 주는 색으로 통합니다. 에너지를 품고 있으면서도, 너무 격하지 않고 무게감을 갖고 있는 색입니다.

활기찬 사람들이 좋아하는 그림입니다. 밝고 경쾌한 노란색에, 심리적으로 평온감을 주는 녹색이 순한 물처럼, 바람처럼 어우러진 그림입니다. 한없이 기운이 나지 않는 날 이 그림을 보세요. 내면에 부드럽고 순한 힘이 차오르는 걸 느낄 수 있습니다.

Chapter 3

The Museum
for
Lovable Baby

❦

사랑이
샘솟는 시간

01

구김 없이
밝고 활기차게

the Museum
for Baby

◆   세상에 사랑스럽지 않은 아이가 있을까요? 모든 아이는 사랑스럽습니다. 두 아이를 키우며 아이가 성장할 때마다 매번 새롭게 사랑에 빠지곤 했습니다. 고개조차 가누지 못하던 갓난아기일 때는 그 작고 연약한 아이가 배가 고프다, 기저귀가 젖었다 울어서 불편함을 알리는 것도 사랑스러웠습니다. 고개를 가누니 세상 모든 것에 호기심을 품고 바쁜 아이가 사랑스러웠고요. 좋아하는 이유식은 한 그릇 뚝딱 먹으면서 맛없는 이유식은 퉤 뱉는 것도 모두 사랑스러웠습니다. 엄마의 눈으로 보면 사랑하지 못할 구석이 하나도 없었어요.

내 눈에 사랑스러운 만큼 어딜 가든 아이가 사랑받았으면 하는 마음이 있었습니다. 어떤 아이가 사랑받는 아이가 될까요? 사랑을 듬뿍 받고 자라서 남에게도 사랑을 나눠줄 수 있는 아이, 바라보고만 있어도 기분 좋아지는 아이, 다른 사람들의 마음에 잘 공감하는 아이, 기쁠 때 함께 기뻐해주고 슬플 때 위로해줄 수 있는 아이는 어디서나 사랑받을 것입니다.

한눈에 봐도 구김살 없이 밝다고 느껴지는 아이들이 있습니다.

구김 없이 밝으려면 아이가
심리적으로 안정되어 있고,
자신이 사랑받을 만한 존재라는 걸
잘 알고 있어야 합니다.

부모가 아이를 사랑하는 마음은 모두 같겠지만, 그로 인한 행동은 다를 수 있어요. 아이를 사랑하는 방법에도 주의가 필요해요. 아이를 사랑하는 마음에 아이의 행동을 제한하거나 통제하고, 부모 말을 따를 것을 강요하는 것은 과보호라고 합니다. 반면 크게 문제가 없는 경우 아이의 의견을 수용해주고 늘 사랑을 표현해하는 것은 돌봄이라고 양육 형태를 구분합니다.

어려서부터 부모에게 정서적인 지지를 많이 얻은 아이들, 진정한

페더 세버린 크뢰이어
스카겐 해변

1892 | Oil on Canvas
Public Collection From ARC

Peder Severin Krøyer
Beach of Skagen

돌봄을 받은 아이들은 자기 자신과 세상에 대해 긍정적인 생각을 갖게 됩니다. 이런 아이들 마음속엔 자기가 사랑을 받을 만한 존재이며, 세상이 자신을 안아줄 거라는 믿음이 탄탄하게 자리 잡고 있습니다. 이 아이들은 일부러 남의 시선을 끌고자 하지 않고, 자신이 즐거운 일을 합니다. 위험한 행동으로 주의를 끌 필요를 느끼지 못하고, 애정을 얻으려 억지로 참거나 하지도 않아요.

그림 속 아이들을 보면 누구라도 한눈에 사랑에 빠집니다. 형은 씩씩하게 동생의 손을 붙잡고 엄마 품 같은 바다로 달립니다. 바닷가 아이들에게 바다는 엄마 품처럼 편안하고 포근한 존재입니다. 잔뜩 신이 났지만 동생 손을 단단히 잡았습니다. 잔뜩 힘이 들어간 것으로 보아 동생의 안전을 책임지려는 형의 마음이 느껴집니다.

아이를 받아주는 바다도 날이 선 파도를 세우지 않고 잔잔한 파도로 아이들을 맞이합니다. 햇살을 잔뜩 품고 말이죠. 빛이 반짝이는 하늘색 바다가 온유한 분위기를 선사합니다. 아이들의 발이 지나는 자리만 큰 물살이 튀겠지요.

이 그림 속 아이들은 '사랑'뿐 아니라 '가족'이라는 단어도 떠오르게 합니다. 가족은 식구라고도 하죠. 사람은 본질적으로 외롭긴 하지만 함께 둘러 앉아 밥을 먹고 삶을 공유하는 가족들이 있어 조금 덜 외로울 수 있습니다. 식사는 단순히 에너지를 채우는 것을 넘어 지친 하루를 위로해주고 힘을 북돋워주는 의식이기도 합니다. 부모와 개방적인 의사소통을 하는 아이일수록 행복합니다. 식사 시간을 대화 시간으로 만들어주세요.

가족은 가장 큰 즐거움과 행복을 줄 수 있는 관계이기도 합니다. 극복하기 힘든 고통과 아픔을 줄 수 있는 관계이기도 한 만큼 끊임없이 노력하고 참고 배우며 알아가야 할 사람들이기도 하지요. 타인을 배려하고 사랑하도록 가르치는 것도 중요하지만 가족 간에 서로를 사랑하고 존중하는 방법도 아이에게 가르쳐주세요. 서로 의지하며 사랑하는 마음을 유지할 수 있도록요.

02

─────◦≋◦─────

세상에 마냥
사랑스러운 것

─────◦≋◦─────

the Museum
for Baby

◈   가장 오랜 시간, 가장 많은 사랑을 받고 있는 그림 속 주인공들은 바로 아기 천사들입니다. 사람들은 그림 속 날개 달린 아기 천사들에게 따로 푸토putto라는 귀여운 이름까지 붙여주었습니다. 또 다른 이름으로는 아모레토amoretto라 불리기도 하죠. 아모레토는 사랑을 뜻하는 이탈리아어 아모르amore에서 파생된 말입니다. 얼마나 사랑스러운 존재인지 이름까지 사랑입니다.

그중에서도 가장 사랑을 받은 아기 천사를 꼽으라 하면 바로 라파엘로의 〈시스티나의 마돈나〉 속 두 천사를 빼놓을 수 없습니다.

예수 탄생이라는 커다란 사건 앞에서 한껏 긴장한 그림 양쪽의 성인들과 달리 턱을 괴고 시큰둥하게 올려다보는 표정의 아기 천사들의 모습이 세상 천진합니다.

수많은 성모 마리아와 예수 그림 중에서도 이 그림이 사랑받는 데는 아기 천사들의 사랑스러움이 한몫합니다. 이 그림을 보고도 하단의 아기 천사만 기억하는 사람도 많고, 아기 천사만 똑 떼어 만든 기념품, 광고 등도 쉽게 찾을 수 있습니다.

이 아기 천사들을 보면 알 수 있습니다.
아기들이 무엇을 해서 사랑스러운 게 아니라는 것을요.
그냥 보고만 있어도 사랑이 솟아나지 않나요?

라파엘로
시스티나의 마돈나

1513 | Oil on Canvas | 269.5×201cm
Gemäldegalerie Alte Meister, Dresden

Raphael
The Sistine Madonna

03

좋은 것을
함께 나누는 아이

the Museum
for Baby

◆　맛있는 간식이 생겼습니다. 혼자 전부 먹어버리는 것도 좋지만, 친구와 함께 나누어 먹으면 "맛있지?" "응. 정말 맛있어." 대화를 나눌 수 있습니다. 좋은 것을 나누니 기분이 좋고, 고맙다는 인사까지 들을 수 있습니다. 나눔의 기쁨을 경험한 친구도 나중에 맛있고 좋은 게 생기면 함께 나누려고 할 것입니다.

함께 나눌 줄 아는 아이는 사랑스럽습니다. 예전에 각 가정마다 많은 식구들이 살던 시절에도 맛있는 것을 좀 더 만들어 옆집과 쉽게 나누어 먹었습니다. 떡 한 접시, 죽 한 그릇처럼 대단할 것은 없어도 깜짝 선물은 늘 반갑고 즐거웠어요. 무언가를 받았기 때문만은 아니었습니다. 기쁘고 좋은 걸 앞에 두고 나눠주고 싶은 상대로 떠올렸을 그 마음이 고마워서 더 기뻤습니다.

아서 존 엘슬리
봄의 기쁨

Arthur John Elsley   1911 | Oil on Canvas
The Joy of Spring   92 × 117.4cm

이런 작은 나눔 습관은 어렸을 때부터 경험을 통해 쌓을 수 있습니다. 갓난아기일 때는 세상이 나를 중심으로 돌아갑니다. 그러다 세돌 무렵부터는 친구라는 개념이 생깁니다. 이때쯤부터는 나눔을 배울 수 있어요. '친구와 나눠 먹으니 더 맛있어.' '친구와 함께 갖고 노니 더 재밌어.'라는 감정이 싹트거든요.

그림 속 어린이들은 나눔이 아주 자연스럽습니다. 꽃을 한 바구니 따와서 함께 꽃목걸이를 만들고 있어요. 양이 가까이 다가오자 손을 내밀어 반깁니다. 아이들의 표정이 매우 밝고 평화롭습니다.

아이에게 나눔의 기쁨을 경험하게 해주세요.
좋은 것을 함께해야 더 큰 기쁨이 된다는 걸 알려주세요.

사랑을 나누고 기쁨을 나누고 가진 것을 나눌 수 있도록 곁에서 도와주세요. 그래야 인생을 보다 즐겁고 풍요롭게 보낼 수 있어요.

04

열 마디 말보다
한 번의 눈빛을

*the Museum
for Baby*

◆　뇌에는 발달 단계가 있습니다. 3세 정도까지는 우리 뇌의 가장 앞부분인 전전두엽이 발달합니다. 이 시기는 공감 능력이나 기쁨, 슬픔 등 감정이 발달합니다. 이때는 서로 대화하고, 자연을 느끼고, 쥐고 흔드는 놀이를 하는 등 다양한 감각을 경험하도록 도와주면 감정 발달에 좋아요.

감정 기능이 발달한 아이는 다른 이들의 감정을 읽고 공감할 수 있습니다. '지금 친구가 많이 속상하겠구나.' 빨리 알아차리고 배려할 줄 아는 아이는 사람들에게 사랑받고, 사회성도 뛰어납니다. 어느 곳을 가든지 필요한 사람이 되지요.

때론 열 마디 말보다 눈빛 한 번이
아이에게 더 많은 마음을 전달합니다.

엄마의 눈빛이 말보다 더 중요할 수 있다는 실험이 있습니다. 수영
장처럼 파인 땅 위를 투명한 판으로 덮습니다. 투명한 판 한쪽 끝에
돌 전 아이를 두고 반대쪽 끝에서 엄마가 부릅니다. 아이는 엄마를
향해 기어가다가 낭떠러지 앞에서 주춤하지요.

이때 아이는 엄마의 눈빛을 바라봅니다. 엄마가 여전히 온화한 눈빛
을 보내면 아이는 망설이다 낭떠러지 위를 건넙니다. 하지만 엄마가
안 된다는 눈빛을 보내면 아이는 그 자리에 우뚝 멈춥니다. 엄마가
말하지 않아도 아이는 엄마가 하고 싶은 이야기를 읽었습니다.

눈빛만큼 사랑을 표현하는 방법이 또 있을까요. 엄마가 쏟아부어주
는 따스한 눈빛, 사랑스러운 눈빛, 격려의 눈빛이 아이에게는 세상
을 향한 든든한 용기가 되고, 의지할 수 있는 강한 힘이 될 거예요.

메리 커셋

마로니에 나무 아래서

1897 | Print, Drypoint and Aquatint in Colors

48.3 × 39cm

Museum of Fine Arts, Houston

Mary Cassatt

Under the Horse-chestnut Tree

05

아이를
사랑하는 마음으로

*the Museum
for Baby*

◆   아이를 사랑하기 때문에 아이에게 늘 달콤한 사탕이나 쿠키만 쥐어줄 수는 없지요. 아이가 좋아하지 않더라도 맛이 심심한 밥과 건강한 채소를 골고루 먹여야 할 수밖에 없습니다. 평생 달콤한 말만 듣고 즐거운 놀이만 하며 살아갈 수도 없죠.

아이가 세상에 잘 적응해 즐겁게 살아가려면 지루한 것도 참고, 힘든 일도 견딜 줄 알아야 합니다. 그래야 지루한 수업 시간을 잘 참으며 공부할 수 있고, 놀이기구 타는 줄이 길어도 끝에 잘 서서 기다릴 수 있어요. 이런 능력은 어느 날 갑자기 생기는 게 아니에요. 아이가 잘못된 행동을 할 때마다 옆에서 지치지 않고 계속 바로잡아주는 노력, '훈육'이 필요합니다.

아이에게 달콤하지 않은 이야기를 끊임없이 하는 건 엄마로서도 힘이 들 수밖에 없어요. 그 와중에 아이들은 금세 집중력을 잃고, 나중에는 그냥 잔소리처럼 한귀로 듣고 한귀로 흘려버리기도 합니다. 처음에는 조분조분 말로 가르치기 시작했지만, 결국 집중력을 금세 흐트러트리고 다시 사고를 치는 아이에게 버럭하고 싶은 마음, 충분히 이해해요.

아이와의 지난한 밀고 당기기, 훈육.
훈육에 대해 깨달음을 주는 그림입니다.

아이는 처음 교회에 갔습니다. 드디어 처음 듣는 설교. 아이는 긴장했는지 발목을 교차하고 상체를 꼿꼿하게 세우고 반듯하게 앉아 있습니다. 똘망똘망한 눈빛으로 목사님의 설교를 놓치지 않겠다는 듯 집중하고 있는 듯하죠. 어린아이답지 않게 품위도 엿보입니다.

이 그림을 보고 사랑스러움에 미소 짓지 않을 사람은 없을 거예요. 그림 속 아이는 화가의 딸 에피입니다. 아빠의 눈에만 귀여웠던 것이 아닌 듯 첫 번째 그림이 발표되고 이듬해 두 번째 그림이 발표되자 사람들은 이 사랑스러운 아이에게 푹 빠져버렸습니다.

존 에버렛 밀레이
나의 첫 번째 설교

1864 | Watercolor
Victoria and Albert Museum, London

John Everett Millais
My First Sermon

존 에버렛 밀레이
나의 두 번째 설교

John Everett Millais   1862-1863 | Watercolor
My Second Sermon   Guildhall Art Gallery, London

두 번째 설교날 아이는 설교의 지루함을 참지 못한 채 스르르 잠이 들어버렸거든요. 첫 번째 설교와 달리 모자를 옆에 벗어두고 등을 벽에 편안히 기댄 채요.

아이에게 듣기 싫은 이야기를 할 때
이 그림을 늘 떠올렸습니다.
아무리 필요하고 좋은 말도
긴 설교가 되면 지루해진다는 것을요.

아이들은 어른만큼 참을성이 없습니다. 가끔 엄마 말을 외국어처럼 어렵게 느끼기도 합니다. 아이가 저도 모르게 잠이 들어버리지 않도록, 재미없는 이야기일수록 간결하고 정확하게 하려고 했습니다. 훈육이나 무언가를 가르칠 때 말이죠.

06

사랑이 넘치는
공간의 비밀

*the Museum
for Baby*

◆　　가만히 있기만 해도 사랑이 솟아날 것 같은 공간이 있습니다. 세상 힘들고 지친 일이 있어도 그곳에 있으면 다툴 일도 예민해질 일도 없을 것 같은 그런 곳, 긴장을 느슨하게 풀어주고 잠시 이대로 현재를 즐기고 싶은 마음이 드는 공간 말이죠.

긴장하고 얼어 있는 내담자들에게는 르누아르의 그림을 보여줍니다. 그림 자체에서 빛을 내뿜고 있는 듯한 밝은 느낌, 부드러운 질감의 붓터치, 신경을 느슨하게 해주는 컬러까지. 르누아르의 그림은 긴장을 늦춰주거든요. 사랑스러움을 이야기할 때 빼놓을 수 없는 화가입니다.

피에르 오귀스트 르누아르

피아노 치는 소녀들

Pierre-Auguste Renoir

Girls at the Piano

1892 | Oil on Canvas

Musée de l'Orangerie, Paris

피에르 오귀스트 르누아르
피아노 치는 소녀들

1892 | Oil on Canvas | 116×90cm   Pierre-Auguste Renoir
Musée d'Orsay, Paris   *Girls at the Piano*

그중에서도 〈피아노 치는 소녀들〉은 르누아르가 주문을 받아 그린 그림으로, 같은 구도의 그림을 여러 장, 여러 방식으로 그린 뒤 하나를 납품했습니다. 덕분에 르누아르가 그림을 하나 완성할 때까지 얼마나 공을 들였는지, 컬러감과 크고 작은 오브제의 배치, 인물의 포즈, 배경을 채우는 데 얼마나 다양한 시도를 했는지 알 수 있습니다. 그리고 컬러와 작은 오브제들이 전체적인 분위기를 어떻게 미묘하게 바꾸는지도 알 수 있어요.

두 소녀가 사이좋게 피아노를 치는 그림입니다. 첫 번째 그림에 비해 두 번째 그림의 배경과 장식이 세밀하고 완성도가 높습니다. 그림의 왼쪽 면을 차지하는 두 소녀는 핑크색과 하얀 드레스를 입어 화사하고 밝은 느낌이지만 오른쪽은 짙은 갈색의 피아노가 차지하고 있습니다. 르누아르는 피아노 위에 알록달록한 꽃병을 두어 밝은 공간을 더욱 화사하게 만들었습니다.

공간에 식물을 두면 마음이 밝고 가벼워집니다. 편안하며 온화해집니다. 날카로운 감정이 가라앉습니다. 일에 지치고 스트레스를 받을 때 꽃과 나무가 있는 공간에 있으면 쉽게 느슨해지고 기분 전환이 됩니다. 이렇게 빠르게 기분을 전환하는 나만의 비법을 하나쯤 갖고 있는 것도 지혜입니다.

집을 사랑스러운 공간으로 만들고 싶다면
꽃을 장식하거나 꽃 그림을 걸어두는 것이 좋습니다.
아이와 함께 있는 집이라면,
아이에게 식물을 선물하는 것도 좋습니다.

어린 시절 학교에서 강낭콩을 키웠던 기억 나세요? 언제 싹이 날까 아침 일찍 등교해 서로 물을 주려고 하고 하루에도 몇 번씩 쳐다보고 떡잎이 나온다고 탄성을 지르고 쑥쑥 자라는 모습을 보며 행복해했던 기억이 새록새록 납니다. 식물을 보는 것도 좋지만 기르는 과정을 통해 아이가 성취감과 자신감도 얻을 수 있어요. 또 자연에서 오는 생생한 컬러감을 보면 근원적인 편안함을 느끼게 되고 신체적으로는 맥박이 안정됩니다.

07

속상한 마음을
잘 다스릴 수 있도록

the Museum
for Baby

◈   안타깝게도 우리는 살아가며 원하는 것을 이루고 손에 넣기보다는 원하는 대로 이뤄지지 않는 경험을 더 많이 하게 됩니다. 뜻대로 일이 풀리지 않거나 내 생각대로 사람들이 반응하지 않을 때, 아이가 늘 좌절하거나 감정을 조절하지 못한다면 어떨까요? 사람들과 함께 어울리기 힘들고, 수많은 일들을 견디기 힘들 겁니다.

속상함도 툭툭 털고 화가 나도 잘 넘기는 아이, 감정 조절 능력이 뛰어난 아이들은 또래 사회에 쉽게 적응합니다. 공감 능력이 좋기 때문에 친구들 사이에서 인기가 많으며 자신감이 뛰어납니다. 타인에게 신뢰도 두텁습니다. 그래서 감정 조절 능력은 리더십이나 학업 성취도로도 이어집니다. 실패를 견딜 힘이 있고, 지루한 것도 잘 참으며, 싫은 사람과도 잘 어울릴 수 있는 아이이기 때문이에요.

메리 커샛
토머스와 그의 엄마

1893 | Pastel on Paper
65.15 × 50.17cm
Private Collection

Mary Cassatt
Young Thomas and His Mother

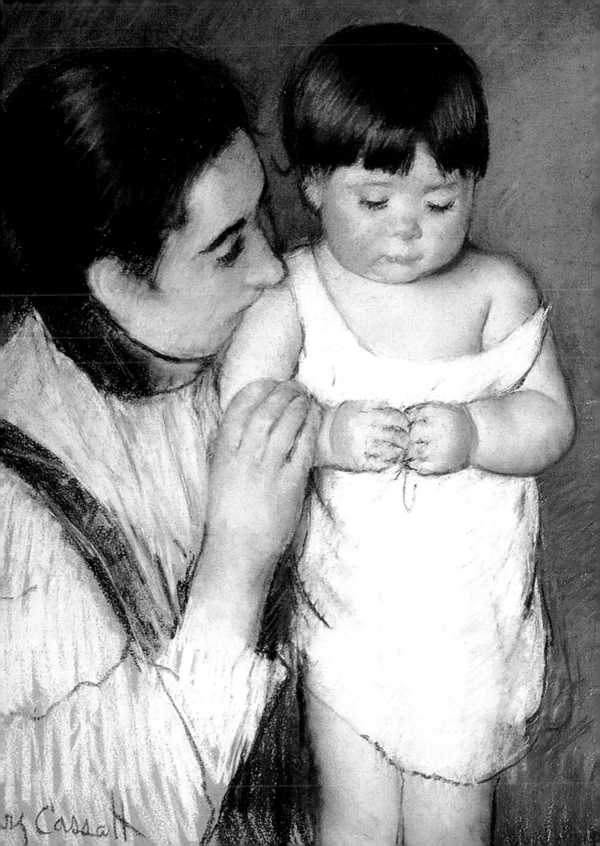

아이가 사회에 나가 사랑받고 사람들과 원만히 지내려면 감정 조절 능력이 필수입니다. 감정 조절 능력이란 무조건 잘 참는 걸 말하는 게 아닙니다. 무조건 참기만 한다면 오히려 화가 쌓이고 분노 조절이 어려워집니다.

감정 조절 능력이란
사회적 상황에 맞게 감정과 행동을 적절히 조절해
표현하는 정서 지능입니다.

좀 더 쉽게 말하자면 부정적인 감정을 터뜨리기 전에 스스로 원인과 정도를 인지하고 적절히 표현할 수 있는 능력인 것이죠.

감정을 잘 조절하는 것의 핵심은 긍정적인 감정이든 부정적인 감정이든 간에 감정을 잘 인식하고 다른 사람들이 수용할 만한 방식으로 세련되게 표현히는 것입니다.

이런 감정 조절 능력은 타고나는 게 아니라
부모의 양육을 통해 자라납니다.
감정은 세상에 태어나면서 시작해
영아기 때 폭발적으로 발달하거든요.

그림 속 어린 토머스가 무슨 실수를 한 걸까요? 아니면 아끼던 장난감이 망가졌을까요? 아이는 눈을 내리깔고 속상한 마음을 꾹 참고 있는 것처럼 보입니다. 울까 말까 망설이는 것처럼 보이기도 합니다. 그런 아이를 엄마가 뒤에서 감싸고 충분히 공감해주고 함께 해주고 있습니다.

엄마가 '나도 네 맘 잘 알고 있어. 그럴 수 있지.' 하며 아이의 기쁨, 슬픔 등 감정에 공감해주면, 아이는 자신의 감정을 굳이 억누르거나 감추려 애쓰지 않아도 됩니다. 나아가 '지금 내가 속상한 게 잘못된 게 아니구나. 내가 이상한 게 아니야.' 하고 속상한 감정도 긍정적으로 받아들이고 잘 수습하는 방법을 찾게 됩니다. 처음에는 어떻게 감정을 다뤄야 할지 잘 모르겠지만, 점차 감정을 잘 다룰 수 있게 될 거예요.

앞으로도 토머스는 자신의 감정이 격해질 때마다 마음을 충분히 들여다볼 수 있을 겁니다. 엄마의 도움을 받아 속상한 마음을 스스로 극복할 힘도 배울 거고요.

08

깊은 대화를
나누고 싶은 사람

*the Museum
for Baby*

❖   저는 사람들과 이야기를 나눌 때 눈을 바라보는 편입니다. 직업적인 영향일 수도 있지요. 어쩌면 눈을 통해 감정을 살피는 개인적 습관 때문인지도 모르겠습니다. 아이들 중에 눈 맞춤을 애써 피하려는 아이들이 있습니다. 특히 남자아이들의 경우 매우 부끄러워하는 경우가 많아요. 눈만 맞췄을 뿐인데도 황급히 시선을 돌리고 절대 앞을 바라보지 않으려 합니다. 장난치듯 얼굴을 들이대고 눈을 맞추려 하면 도망가기까지 해요. 피하면서도 굉장히 좋아하고 다음번에 만나도 눈 맞춤으로 장난을 치려는 경우도 있어요. 그렇게 몇 차례 만남을 갖고 나면 눈 맞춤을 기다리고 집중하는 모습을 볼 수 있습니다.

시선을 집중하지 못하고 계속 사방을 둘러보는
대화 상대와 온전히 나만을 바라보는 대화 상대.
어떤 사람과 더 많은 이야기, 깊이 있는
대화를 나누고 싶을까요?

사람과 사람 간에 서로를 바라보는 시선은 중요한 상징과 신호가
담겨 있어요. 호감의 표현이며 대화에 적극적으로 공감하고 있다는
의미입니다. 또한 심리학에서는 '눈으로 말하라'고 할 정도로 눈빛
이 보내는 대화가 말보다 더욱 진합니다.

남자아이들뿐만이 아닙니다. 성인 남자들도 눈을 보고 대화하는 것
을 무척 쑥스러워하거나 어색해하는 분들도 계십니다. 그래서 초
반에는 고개를 숙이기도 하고 눈을 피하는 등 시선이 어수선하지
요. 하지만 계속해서 시선을 맞추려 노력하고 공감의 눈빛을 수차
례 경험하고 나면 서서히 교감을 허용하듯 눈 마주침이 가능해집니
다. 직접 이유를 물어보면 십중팔구는 자신이 눈을 맞추지 못하는
걸 인지하지조차 못하곤 합니다. 어렸을 때부터 취업할 때까지 눈
을 맞추며 대화를 나눈 경험이 많지 않아 습관이 되어 있지 않은 듯
하다고 말합니다.

가정에서 눈을 맞추고 이야기를 나누세요. 사회에 나가면 누가 일
부러 눈을 맞추고 대화하는 것을 훈련시켜주지 않습니다. 하루라도

빨리 가정에서부터 습관을 들이는 게 가장 좋습니다. 당연한 소리 같은가요? 가족끼리 눈을 맞추고 이야기하는 것 같은가요? 관찰해 보세요. 가족일수록 이미 친숙하고 끈끈한 관계라 눈 맞춤에 더 소홀한 경우가 많거든요.

아이와 대화할 때 온전히 아이의 눈을 바라봐주세요.
사소한 이야기를 나눌 때도, 식사를 할 때도
의식적으로 시선을 맞추기 바랍니다.

한스 안데르센 브렌데킬데
봄날; 첫 아네모네

Hans Andersen Brendekilde
Springtime; The First Anemones

1889 | Oil on Canvas
125.7 × 158.7cm
Private Collection

Chapter 4

01

자신의 가능성을
믿는 아이

the Museum
for Baby

◆　두 아이가 있습니다. "저는 그네를 잘 탈 수 있어요!" 한 아이가 이야기합니다. "저는 그네는 잘 타지만 그네에서 뛰는 건 무서워요." 다른 아이가 이야기합니다. 이 두 아이의 차이는 아이의 타고난 기질에서 나오는 것일 수 있습니다. 태어날 때부터 자기 감정을 잘 표현하고 긍정적인 아이가 있는가 하면 어떤 아이는 겁이 많아 조심스럽고 소극적일 수 있습니다. 하지만 기질도 양육에 따라 바뀔 수 있는 것을 아시나요?

"엄마, 저 이제 그네 잘 타요!"라고 아이가 말했을 때 엄마에게 "그렇구나. 며칠 전만 해도 밀어줘야 했는데 벌써 잘 탈 수 있게 됐니? 연습 많이 했구나."라는 대답을 들었을 때와 "너 정도 되면 탈 수 있어야지."라는 대답을 들었을 때 아이 마음이 같을 수는 없습니다.

태어날 때부터 자존감을 갖고 태어나는 것은 아닙니다. 사람은 타인과 상호작용을 하며 자신과 타인, 세상에 대한 이미지를 만들어 갑니다. 자신을 돌봐주는 엄마나 가족들에게 늘 관심을 받고, 도움을 요청할 때 바로 적절한 도움을 받은 아이는 자기가 유능하고 사랑받을 가치가 있는 사람이라고 생각합니다. 반면 관심이나 도움을 청해도 거절을 더 많이 경험한 아이는 스스로를 능력이 없고 가치가 없는 사람이라고 여기게 됩니다.

엄마의 반응에 따라 '그렇지! 내가 연습을 꾸준히 했더니 금방 그네를 잘 타게 됐어.'라고 생각하는 경험이 많을수록 아이의 자존감은 탄탄하겠죠. 반대로 '그래. 다른 아이들도 다 잘하는 건데, 이제야 그네를 탈 수 있게 되다니.'라고 생각하는 경험이 많을수록 아이의 자존감이 건강하게 형성되진 않을 겁니다.

자존감이 튼튼해야,
그래서 자신의 능력과 가능성을 충분히 믿을 수 있어야
어려운 일도 힘든 일도 꾸준히 밀고 갈 수 있습니다.

그림 속 여성은 과학자인 듯합니다. 진지한 표정과 당당한 자세를 보니, 끝까지 파고들어 궁금한 것을 알아낼 수 있을 것 같은 느낌이 듭니다. 여성 과학자가 많지 않은 시절, 여성에 대한 사회적 편견이 크던 시절이지만 자신의 가능성을 믿고 노력하는 강인한 여성의 면

모를 볼 수 있습니다. 하늘에서 스포트라이트 같은 빛이 내려와 미래를 밝혀주는 듯합니다.

아이를 당당하게 키우고 싶은 마음이
강하게 드는 그림입니다.

특히 딸이 있는 엄마들이 좋아하는 그림이에요. 모든 엄마들이 아이가 사회적 어려움에도 꿈을 굽히지 않고 끝까지 도전할 수 있는 사람, 주위 사람들에게 휩쓸리지 않고 당당히 자신의 길을 가는 사람으로 자라기를 바랍니다. 그러려면 어렸을 때부터 아이를 격려해줘야 합니다. 아이가 조금 서툴고 이해가 안 가는 행동을 하더라도, 반복해서 가르쳐주고 왜 그랬는지 물어봐주세요. 부모나 가까운 사람들에게 늘 무시당하는 아이가 사회에 나가서는 당당하게 행동하기 어렵거든요.

외젠 그라세
여성 과학자

Eugène Grasset
Woman Science

02

부모가 지지하는 만큼
자랍니다

---

the Museum
for Baby

◆ 　하버드대 학생들이 부모로부터 가장 많이 들은 말은 "다 괜찮을 거야Everything is going to be OK."라는 내용의 칼럼을 읽은 적이 있습니다. 아이가 중요한 시험을 앞두고 있을 때, 크고 작은 실패를 경험했을 때, 친구와의 관계가 잠시 소원해졌을 때 "다 괜찮을 거야."라는 부모의 한 마디가 아이에게 얼마나 든든했을까요? 자신감을 갖게 하는 것은 물론이고, 다시 한 번 자기 자신을 믿고 새로 도약할 수 있는 힘을 낼 수 있었을 겁니다. 부모의 든든한 지지와 긍정적인 태도는 아이의 자존감에 큰 영향을 미칩니다.

자존감이 하버드대 학생과 '다 괜찮을 거야'라는 말과 무슨 상관이 있느냐고요. 자존감은 나 스스로를 존중하고 믿는 마음입니다. 나에 대한 확신이 없는 아이, 즉 자존감이 낮은 아이는 자신을 잘 믿지 못하기 때문에 시험을 못 보면 '역시 그럴 줄 알았어.' 생각하고 시험을 잘 봐도 '시험이 생각보다 쉬웠네.'라고 생각합니다. 조금만 어려운 일이 닥쳐도 자기 확신이 부족해 헤쳐 나가지 못하고 쉽게 포기할 가능성이 높습니다. 반면 자존감이 높은 아이는 자기 자신을 믿고 어려운 과제도 꾸준히 해나갈 수 있지요. 특히 부모로부터 지속적인 지지를 받거나 긍정적인 지도를 받은 아이들은 자기 마음을 읽고 통제하는 능력이 뛰어나고 몰입력이 높습니다.

"다 괜찮을 거야."라는 말은, 앞으로 올 일에 대해 걱정하느라, 지난 일을 후회하느라 지쳐버리는 순간, 모든 문제들을 해결해주는 주문과도 같은 말입니다. 당장은 매우 힘든 일도 지나고 보면 아무렇지 않은 경우가 많죠. 그 사실을 다시 한 번 일깨워줌으로써 '내 탓이야.' '나는 왜 그럴까.'라는 자괴감에서 벗어나게 해주기 때문입니다. 어른에게도 매우 긍정적인 말입니다.

그림 속 엄마는 아이를 등 뒤에서 감싸고 뜨개질을 도와주고 있습니다. 아직 젖살이 통통한 작은 아이가 엄마처럼 능숙하게 뜨개질을 할 수는 없을 겁니다. 엄마로서는 아이 등 뒤에서 가르치지 않고 대신 뜨개질을 해주는 게, 시간도 덜 들고, 효율도 훨씬 좋겠죠. 그

럼에도 엄마는 아이의 손을 잡고 한 코, 한 코 뜨개질을 가르쳐줍니다.

무엇을 만드는지 알 수는 없지만 완성이 되었을 때
아이의 만족감과 자부심은 잘 만들어진 액세서리를
선물 받을 때와는 비교도 없이 클 거예요.

아이는 엄마에 비해 미숙합니다. 모든 일에 서툴고 감정 조절도 서툴죠. 아이가 최선을 다했다면 결과가 만족스럽지 않아도, 그래서 아이가 속상해해도 "다 괜찮을 거야." "충분해." 다독여주세요. 그림 속 아이는 다음 작품을 만들 때도 '나는 엄마보다 잘 못하지만, 그래도 뜨개질을 할 수 있어. 그리고 이번에는 조금 더 잘할 거야.' 생각하고 점차 발전할 수 있을 것 같네요.

폴 필
엄마의 도움

Paul Peel
Mothers Help

1883 | Oil on Canvas
124.5 × 94.6cm
Private Collection

03

자만하지 않고
자존감 강하게

*the Museum
for Baby*

◈   요즘 부모들은 자녀 교육뿐 아니라 육아에 관심이 많아, 이미 전문가 수준으로 육아를 잘 알고 있고, 실제로 육아에 제대로 적용하는 경우가 많아요. 충분히 예뻐하고 사랑을 쏟고, 다양한 경험을 쌓게 해주려 노력합니다. 그러면서도 아이에게 너무 많은 기대나 짐을 얹지 않으려 노력하고요. 정말 좋은 엄마들이 많아요.

미술치료를 하며 만난 엄마와 아이 육아에 대한 이야기를 나누는데, 요새는 이렇게 이상적으로 자란 아이들이 세상에 나가 힘들어할까 봐 고민하는 엄마들이 있다는 이야기를 들었어요. 무슨 일을 해도 가정에서 존중받고, 이해받고 자랐는데, 학교에 가보니 선생님이 자기 말만 들어주지는 않는다는 것이지요. 세상 부모는 아이에 관해서라면 걱정이 끊이지 않는 게 당연해요.

엄마들의 걱정도 충분히 이해가 갑니다. 아이가 사회에 어려움 없이 잘 적응해서 교우 관계도 좋고, 공부도 잘하고, 선생님께도 늘 착하고 바른 학생으로 평가받는 걸 싫어하는 부모는 없을 거예요. 그러나 그 걱정은 아이의 능력을 고려하지 않은 거라 걱정하지 않아도 될 것 같다고 이야기해주었습니다.

아이는 사회에 나가 승승장구만 하지 않습니다. 한번 돌아보세요. 우리 삶에 늘 성공과 행운만 있었나요? 안타깝게도 열심히 해도 손에 넣을 수 있는 것보다 손에 넣지 못한 게 더 많습니다. 대부분의 일은 완벽하게 성공하기보다 '이 정도면 됐다.' 정도로 마무리되는 경우가 많죠.

아이는 앞으로 실패를 반복해서 경험하고, 이를 추스르는 나름의 방법을 터득해야 합니다. 실수로 친구 마음에 상처 입히고 힘들어하고 책임지고 수습하는 과정을 거치며 세상을 배워나갈 것입니다. 열심히 공부한 시험을 망치기도 해봐야 자신만의 공부법을 찾아갈 수 있습니다. 아이에게는 그럴 능력이 있습니다. 그러니 엄마의 걱정은 기우지요.

엄마가 해야 할 일은 앞으로 일어날 일들을 미리 대비해 아이가 어려움을 겪지 않게 해주는 것이 아닙니다. 해줄 수도 없고요.

아이가 사회에 나가 어려운 상황에 처할 때
기대 쉴 수 있는 그늘이 되어주고,
아이가 도움을 청하는 부분을 도와주면 됩니다.
그 와중에 아이가 '내 탓'만을 하지 않도록,
자존감에만 상처 입지 않도록 지켜주세요.

세상이 내 마음 같지 않을 때, 지치고 힘들어 자존감이 떨어질 것
같을 때, 마티스의 〈칼 던지는 사람〉 그림을 봅니다. 이 그림을 보고
있으면 아무리 복잡한 일들이 많고 때론 나를 뒤흔드는 어려움이
닥쳐도, 나 스스로의 가능성을 믿고 의지만 있다면 견딜 수 없는 어
려움은 없다는 생각이 들거든요.

1947 | Paper Collage | 42.2 × 65.0cm

Menil Collection, Houston

Henri Matisse
The Knife Thrower

앙리 마티스
칼 던지는 사람

04

혼자서도 충분한 아이

the Museum
for Baby

◆　혼자 밥을 먹는 것을 줄인 '혼밥'이라는 신조어가 더 이상 어색하지 않아졌습니다. 미술관에 가도 요즘에는 부쩍 혼자서 관람하는 분들이 늘었다는 느낌이 듭니다. 혼자 무언가를 하는 건 좋습니다. 혼자가 주는 홀가분함과 자유가 있거든요. 밥을 먹더라도 혼자 먹으면 나만을 위한 선택을 하게 됩니다. 늘 먹는 밥이지만 내 목소리에만 귀를 기울이는 것이지요.

혼자만의 시간을 잘 채울 수 있는 사람이 단단합니다.

혼자 있는 걸 유독 싫어하고 불안해하는 사람이 있습니다. 그런 사람들은 잠시의 빈 시간도 어찌할 바를 모르고 시간을 보낼 누군가를 늘 찾곤 합니다. 혼자 있는 걸 두려워하는 아이는 또래 관계에 더 크게 영향받고 휩쓸립니다.

사람들은 원하든 원치 않든 주변 사람들의 영향을 받습니다. 옆 사람의 생각과 감정이 알게 모르게 내 생각과 감정에도 섞이게 됩니다. 따라서 가끔은 혼자 떨어져 자기 내면의 소리에 귀 기울일 수 있어야 합니다. 내 감정과 타인의 감정을 분리해 읽을 수 있어야 관계를 맺을 때, 나와 타인을 조율할 수 있거든요.

혼자 있는 시간이 필요한 건 알지만, 혼자 있으면 무섭고 외롭고 소외되는 것 같아서 자꾸 누군가 기댈 곳을 찾는다는 분들께 보여드리는 그림입니다. 혼자라는 것이 어둡고 힘든 것만은 아니란 걸 그림을 통해 느낄 수 있도록요.

소녀는 혼자만의 시간에 푹 빠져 있습니다. 꽃을 꺾어 자세히 관찰하고 있어요. 혼자 있지만 아이는 전혀 외롭지 않습니다. 폭신한 풀밭 위로 내리쬐는 따뜻한 햇살 속에서 기분 좋은 시간을 보내고 있는 것 같아요.

1888-1890 | Oil on Canvas | 114.9×91.4cm

Museum London, London

Paul Peel

The Young Botanist

폴 필

어린 식물학자

05

힘들 때
더욱 빛나는 사람들

the Museum
for Baby

◆ 힘이 들 것 같기만 해도 '난 못해' 하며 쉽게 좌절하거나 숨어 버리는 사람이 있습니다. 반대로 힘이 들수록 '난 할 수 있어!' 하며 더 강해지는 사람이 있습니다. 더욱 힘을 내고 역경을 딛고 일어서는 사람들에게는 비밀이 있습니다.

하나는 성공 경험입니다. 반복해서 작은 성공을 경험한 사람들은 자기 평가가 높습니다. 사람들에게 '넌 최고야!' '훌륭해!'라는 단순한 칭찬 100번 듣는 것보다, 혼자서 장난감 배터리를 간 경험, 엄마 심부름을 잘 해낸 경험, 혼자서 어려운 책 한 권을 끝까지 읽어낸 경험 같은 작은 성공들이 쌓여 자신감이 됩니다. 이런 사람들은 어려운 일에 부딪히면 '한번 해볼까?' 하는 생각부터 하죠.

찰스 커트니 커란
높은 곳에서

Charles Courtney Curran

On the Heights

1909 | Oil on Canvas | 76.4×76.4cm

Brooklyn Museum, New York

또 하나는 든든한 지원군입니다. 설령 실패를 하더라도 '나는 최선을 다했어.' 하는 나에 대한 믿음과 더불어 '그래. 넌 충분히 할 만큼 했어.'라고 다독여주며 새로운 도전을 지켜봐줄 지원군이 곁에 있습니다.

그런 사람들은 쉽게 도전하고 역경에 부딪혀도
나를 믿어주는 사람을 생각하고 안정감을
느낄 수 있습니다.

높은 산 위 바위에 세 여인이 걸터앉아 있습니다. 서로 끌어주고 다독이며 높은 산에 올라와 어떤 이야기를 나누었을까요? 가운데 앉은 어린 소녀까지 표정이 사뭇 진지합니다.

'내가 잘할 수 있을까요.' 고민하는 분들과는 이 그림을 두고 이야기 나눕니다. 가운데 앉은 소녀를 '나'라고 생각할 때, 양옆에 누가 앉아 있는지 떠올려보라고 합니다. 옆에서 함께 힘을 주고 있는 가족, 비슷한 고민을 함께하는 친구가 떠오르지요? 지원군을 구체적으로 떠올리면 어려움을 이겨내는 데 더욱 큰 힘이 됩니다.

06

자신감이 필요한 순간

*the Museum
for Baby*

◆　아무리 자신감이나 자존감이 강해도 큰일을 앞두면 긴장하기도 하고 위축되기도 합니다. 저 역시 사람들 앞에서 강의를 한 지 20년이 지났지만 여전히 매 강의마다 새롭게 긴장감이 들어요. 긴장을 풀기 위해 저는 늘 강의에 앞서 옷매무새를 가다듬고 어깨를 폅니다. 거울을 보고 힘을 불어넣는 것도 잊지 않아요.

그렇게 어깨를 열고 가슴을 쫙 펴면 거짓말처럼 '잘될 것'이라는 마음이 들고 긴장감도 조금 누그러지죠.

자신감이 떨어질 때 이 그림을 보세요.
그림 속 소녀에게서는 당당함과 자신감이
뿜어져 나옵니다.

비밀은 소녀의 자세에 있습니다. 다리를 어깨너비로 벌려 땅을 단
단히 지지하고, 허리에 손을 얹어 가슴을 활짝 펴고 등을 바르게 세
운 '파워 포즈Power pose'를 취했습니다. 이 자세는 자신감 넘치는 사
람으로 보이게 합니다. 남의 시선에만 그렇게 보이는 게 아니라 실
제로 이 자세를 취하면 자신감 호르몬이 더 많이 분비됩니다.

어깨를 활짝 펴는 것만으로도 자신감이 생긴다는 건 연구 결과로
입증된 사실이에요. 하버드 경영대학원 교수 에이미 커디의 실험에
의하면 움츠리거나 비틀린 자세를 할 때보다, 어깨를 활짝 펴고 바
르게 섰을 때 자신감 호르몬인 테스토스테론 수치가 훨씬 증가했
고, 스트레스 호르몬 수치는 낮아졌습니다.

강한 자신감이 필요할 때 파워 포즈를 취해보세요.

구부정한 자세로는 내 안의 잠재력을 100% 일깨우기 힘이 듭니다.
자신감이 필요할 때는 그림 속 소녀처럼 허리에 손을 얹고 등을 바
르게 세우세요. 또한 아이가 힘들어하거나 어려워할 때 함께 파워
포즈를 취해 아이에게 자신감을 불어넣어주세요.

구스타프 클림트
메다 프리마베시

1912-1913 | Oil on Canvas
149.9 × 110.5cm
Metropolitan Museum of Art, New York

Gustav Klimt
Mäda Primavesi

07

언제나 당당한 아이로

the Museum
for Baby

◆   갓난아이가 있는 엄마나 예비 엄마인 임산부들은 아이가 당당
했으면 좋겠다고 이야기합니다. 그런데 네다섯 살쯤 되는 아이를
키우는 엄마들은 아이가 말을 안 듣고 자기 고집대로만 하려고 해
서 고민이라고 해요.

당당하다는 것은 자기 주장을 밀고 나가는 힘이 있다는 겁니다. 즉
때에 따라 적당히 자기 고집을 관철할 수 있어야 합니다. 모두가 다
A가 가장 나을 거라고 말해도, 나는 B여도 괜찮다고 여기고 밀고
나갈 수 있어야 한다는 거죠. 그러려면 아이가 가끔은 엄마도 이길
줄 알아야 합니다. 저는 네 살 아이를 키우는 엄마에게 이렇게 이야
기해주곤 해요. 엄마도 못 이기는 아이는 누구도 이길 수 없다고요.

장 에티엔 리오타드
일곱 살 마리아 프레더릭 반 리드
애슬론의 초상

Jean-Étienne Liotard

Portrait of Maria Frederike van Reede-Athlone
at Seven Years of Age

1755-1756 | Pastel on Vellum

54.9 × 44.8cm

J. Paul Getty Museum, Los Angeles

1700년대 그림 속 소녀의 머리 모양이나 의상이 지금 봐도 무척이나 예쁘고 섬세합니다. 파란 벨벳의 질감과 부드러운 모피의 질감이 그림을 채우고 있어 눈을 떼기 힘든 그림이죠. 이 그림에서 가장 놀라운 것은 일곱 살 아이의 부드럽지만 당당한 표정입니다. 곧은 시선과 꽉 다문 입이 당차 보입니다.

"우리 아이도 이렇게 당당한 아이로 자랐으면 좋겠어요."

이 그림을 본 엄마들이 주로 하는 이야기입니다. 그러려면 아이의 고집을 고쳐야 할 것으로 보지 마세요. 아이가 강하게 고집을 부릴 때는 다치거나 남에게 피해를 주는 것이 아니라면 아이의 선택에 따라주세요. 대신 아이가 선택한 것에 대해서는 결과가 좋든 나쁘든 아이가 책임질 수 있도록 인도해주세요.

08

내가 초라하게
느껴질 때

*the Museum
for Baby*

◆ 자존감은 자기 스스로를 평가하는 감정이지만 굉장히 상대적인 감정이기도 해요. 예를 들어 내 주위 모든 사람들이 빵을 하나씩 가지고 있을 때는 전혀 아무렇지 않지만 모두 다 빵을 열 개 가지고 있는데 나만 하나를 가지고 있으면 위축되고 불안한 마음이 드는 것처럼요. 내가 타인에 비해 쓸모없게 느껴질 때, 타인에 비해 부족하게 느껴질 때 자존감에 상처를 입습니다.

정신과 의사 윤홍균 원장은 특히 요즘은 자존감에 자꾸 상처 입을 수밖에 없는 환경이 늘고 있는데, 그걸 자꾸 자기 탓으로 돌리며 더 괴로워하는 사람이 많다고 이야기합니다. 생각해보면 예전에는 나와 비슷한 삶을 사는 사람들만 주로 만나고 소통했습니다. 옆집과 우리 집의 소득 수준이 비슷하고, 고민도 비슷했어요. 같은 회사 동료 외에 다른 직업을 가진 사람들이 어떻게 살고 어떤 생각을 하며 사는지 알 수 없는 경우가 많았습니다.

그러나 요즘은 24시간 남의 삶을 볼 수 있습니다. 졸업 후 한 번도 만나지 못한 동창이 어떻게 살고 있는지 알 수 있습니다. 일면식도 없는 사람의 식탁 사진이 실시간으로 SNS에 올라옵니다. 세상에 내가 모르는 새롭고 멋지고 좋은 게 많다는 걸 알 수 있지만, 그만큼 비교할 거리도 많아졌지요. 자존감이 다칠 가능성도 높아진 것입니다.

자존감이 떨어져 괴로워하는 분들께
건네는 그림입니다.

광활한 바다 위 커다란 바위 산 위로 오로라가 크게 뻗어나가고 있습니다. 황록색, 붉은색, 황색, 오렌지색, 푸른색, 보라색, 흰색 등 신비로운 빛이 어우러진 소리 없는 거대한 군무, 오로라가 만드는 황홀한 광경은 평생을 잊기 힘들 정도로 아름답습니다. 과학 기술로는 따라할 수 없는 신비로운 색감은 마치 다른 시공간에 와 있는 듯한 착시감을 갖게 하지요.

오로라는 새벽이라는 뜻의 라틴어에서 유래된 명칭으로, 로마신화에 등장하는 여명의 신 아우로라의 이름을 따 지어진 것이라고 합니다. 자연이 주는 태초의 신비스러운 춤사위, 하늘이 부리는 마법이라고도 불립니다.

이 그림을 보세요.
저 멀리서 보면 지금 하고 있는 고민도
사소한 일이라고 말해주는 듯하지 않나요?

프레더릭 에드윈 처치
북극광

Frederic Edwin Church
Aurora Borealis

1865 | Oil on Canvas
142.2 × 212cm
Smithsonian American Art
Museum, Washington, D.C.

Chapter 5

The Museum
for
Intelligent Baby

뇌가 쑥쑥
자라는 시간

01

선명한 그림이
뇌 발달에 좋아요

*the Museum
for Baby*

◆　왜 아기가 쓸 물건들은 알록달록 원색으로 되어 있는 걸까요? 평소 흰색과 검정색처럼 차분한 색을 선호하셨던 엄마라면 처음 육아용품을 구입할 때 당황스러우실 거예요. 다양한 컬러와 그림과 늘 함께해 익숙한 저희 학생들도 막상 아이를 낳아 육아용품을 모아놓고 보니 총천연색의 향연이라며 웃음을 터트리곤 합니다.

엄마의 취향에는 맞지 않을지 몰라도 아이 두뇌 발달에는 강렬한 색이 매우 도움이 됩니다.

로베르 들로네
리듬 n° 1, 살롱 데 튈르리를 위한 벽화

Robert Delaunay
Rythme n°1, Decoration for the Salon des Tuileries

1938 | Oil on Canvas
529 × 592cm
Musée d'Art Moderne de la Ville de Paris, Paris

똑똑한 아이란 어떤 아이일까요? 공부를 잘하는 아이, 자기 생각을 똑 부러지게 말할 수 있는 아이, 암기를 잘하는 아이가 똑똑한 아이일까요?

각자 생각이 다를 수 있겠지만 대다수가 생각하는 똑똑한 아이는 호기심이 많고, 주위에서 일어나는 일을 잘 인지하며, 상황을 정확히 판단하고, 과거의 경험과 지식을 활용해 그에 맞는 적절한 행동을 취할 수 있는 아이입니다. 즉 똑똑하다는 건 어느 한 부분이 뛰어난 것이기보다는 판단력, 기억력, 공감력 등을 담당하는 뇌 전체 영역이 골고루 발달한 상태입니다. 또 각 영역들이 잘 연결되어 통합 사고를 할 수 있어야 합니다.

이런 뇌 발달에서 가장 중요한 시기는 태어나서 만 3세까지입니다. 이 시기에는 평생 사용할 뇌의 기본 연결 구조를 만들게 돼요. 이 연결 구조가 얼마나 견고히 형성되느냐에 따라 지능의 높낮이가 달라집니다. 따라서 뇌가 다양한 자극을 받을 수 있도록 도와줘야 합니다.

아기는 엄마 배 속에서부터 기억을 할 수 있고 소리를 알아들을 수 있습니다. 감정 변화도 알아차립니다. 그런데 시력은 가장 늦게 발달하기 시작해요. 갓 태어난 아기는 흑과 백으로만 세상을 구분할 수 있을 정도이고 그나마도 흐릿하게 보입니다. 그래서 갓난아기는 흑과 백이 선명한 흑백의 이미지를 보여주어 뇌를 자극해주면 좋습니다.

2개월이 지날 무렵부터는 색깔을 구분할 수 있게 됩니다. 이때 강렬한 색의 도형 그림이 아이 뇌에 자극을 줍니다.

로베르 들로네의 그림은 가로 세로 길이가 5미터가 넘는 커다란 벽화입니다. 곡선과 직선이 중첩되어 선명하게 면이 구분되어 있고, 원색의 컬러가 주로 사용돼 시원합니다. 하지만 선과 모서리가 날카롭지 않아 부드러운 느낌을 줍니다.

특히 이 그림이 안정적으로 느껴지는 것은 중앙의 커다란 원 때문입니다.

정신의학자 융은 원 안에 마음을 그리고 표현하면서 안정을 찾았다고 하죠. 원을 그림으로 채우거나, 다양한 문양의 원형 그림을 선택해 색을 칠하는 만다라 프로그램은 미술치료에서 많이 활용하는 방법이기도 합니다. 꼭 그림을 그리지 않더라도 원 그림에 정신을 집중하는 것도 도움이 됩니다. 그림을 보며 뇌를 자극시키고 동시에 안정감을 찾으세요.

02

스킨십의
놀라운 효과

◆　　엄마 배 속에 있던 쌍둥이가 27개월 만에 세상에 나왔습니다. 너무 일찍 세상에 나온 탓에 안타깝게도 쌍둥이 중 남자 아이의 심장이 20분 만에 멎었습니다. 아이를 그냥 보낼 수 없던 엄마는 처음이자 마지막 인사를 하기 위해 아이를 품에 안았습니다. 그렇게 얼마나 지났을까, 아이와 닿은 맨몸에서 작은 움직임이 느껴졌습니다. 이미 죽은 줄 알았던 아이가 다시 살아난 것이죠. 호주 시드니에서 실제로 일어난 기적 같은 일입니다.

주머니에 새끼를 넣어 다니는 캥거루에게서 유래한 캥거루 케어. 원래는 콜롬비아 보고타에서 처음 시작된 케어법입니다. 병원에 인큐베이터가 부족하자 미숙아를 산모에게 안겨 몸을 따뜻하게 하고 젖을 먹이도록 하면서 시작된 스킨십 방법이에요. 측정 결과 엄마와 맨살을 맞대고 안긴 아이들은 심박, 호흡, 맥박, 체온 등이 안정되었습니다.

아이와의 스킨십이 가져다주는 효능은 신체적인 안정감뿐이 아닙니다. 캥거루 케어를 하면 아이 뇌에서 행복 호르몬인 옥시토신 호르몬이 분비됩니다. 기분이 좋아지죠. 또한 고통 수치를 낮추는 기능도 해, 아이가 힘든 순간을 견디는 데도 도움이 돼요.

또한 스킨십은 아이의 뇌를 발달시킵니다.
아기를 쓰다듬을 때마다 아기 뇌가 쑥쑥 자라요.

피부를 '제 2의 뇌'라고도 합니다. 그 정도로 피부 접촉이 뇌 발달에 영향을 준다는 것입니다. 아무 소리도, 냄새도, 볼 것도 없으면 뇌가 반응하지 않고 발달하지 못합니다. 반대로 좋은 자극을 많이 주면 뇌가 자극에 반응하며 발달하죠. 똑똑한 아이가 되기를 바란다면 따뜻하고 부드럽게 스킨십을 수시로 해주세요.

뒤에서 포근히 아이를 감싼 상태로 함께 놀이를 하고 있는 그림 속 여성의 모습이 매우 편안해 보입니다. 아이는 여성이 하는 대로 따라하는 데 열중하고 있습니다. 이처럼 일상에서 아이와 스킨십할 기회를 충분히 확보하세요.

아이가 배 속에 있을 때는 배를 쓰다듬으면서 아이에게 좋은 말을 들려주세요. 엄마의 피부 너머로 손길을 느낄 수 있어요. 아이가 세상에 태어난 이후엔 기저귀를 갈며 다리를 한 번 주물러주고, 아이가 잠에서 깨어날 때 팔을 쓸어주고, 대화하며 손발을 조물조물 만져주고, 머리를 쓰다듬어주세요. 소소한 일상의 접촉이 아이에게는 매우 큰 효과를 발휘합니다.

피에르 오귀스트 르누아르   1895-1896 | Oil on Canvas
가브리엘과 장   65 × 54cm
                                 Musée de l'Orangerie, Paris

Pierre-Auguste Renoir

Gabrielle and Jean

03

아빠와 함께 놀기

*the Museum
for Baby*

◆   아이와 함께 잔디밭이 넓게 펼쳐진 공원에 산책을 나갔습니다. 돗자리를 펼쳐놓고 아기와 놀고 있는데 작은 개구리 한 마리가 아기 바로 앞으로 폴짝 뛰어 나타났습니다. 어떻게 하실 건가요?

엄마들은 소스라치게 놀라며 아기를 지키고자 번쩍 들어 올리거나 개구리를 돗자리 밖으로 밀어냅니다. 왜 그랬는지 묻자 엄마들은 "아기가 개구리를 만지면 안 좋을 것 같아서요."라고 아기의 위생과 관련된 대답을 주로 했어요. 아빠들은 어땠을까요?

칼 라르손
브리타와 나

Carl Larsson
Brita and I

1895 | Watercolor on Paper
Nationalmuseum, Stockholm

아빠들은 훨씬 다양한 반응을 보입니다. 돗자리 밖으로 치우는 경우도 있지만, 개구리 뒷다리를 잡아서 아기에게 보여주거나, 투명한 컵을 씌우고 개구리가 움직이는 걸 아기와 관찰합니다. 개구리 앞을 막아서 이리저리 뛰도록 유도하기도 합니다. 왜 그랬는지 묻자 아빠들은 "아기가 재미있어 하는 것 같아서요." "살아 있는 개구리를 볼 기회가 별로 없으니까요."라고 대답합니다.

엄마는 아이의 안전과 위생에 초점을 맞추는 반면
아빠는 아이의 흥미와 관심에 초점을 맞춥니다.

그러다 보니 아빠와의 놀이는 엄마가 보기에 다소 지저분하고 과격할 때도 있지만, 아이의 호기심을 충분히 채울 수 있습니다. 불가능해 보이는 도전도, 이상한 놀이도 아빠와 함께라면 문제없습니다. 그 가운데 모험심과 도전 정신, 문제 해결력 등이 자라납니다. 엄마와의 놀이는 질서와 규칙, 학습 효과에서 강점이 있고요. 따라서 엄마와 아빠, 고루 놀며 자란 아이는 사회 적응력이 높습니다.

칼 라르손이 자신과 딸 브리타를 그린 그림입니다. 키가 큰 아빠 머리 위에 앉은 브리타가 한눈에 보아도 아슬아슬합니다. 하지만 지켜보는 사람의 불안과 관계없이 브리타의 표정은 한없이 밝고 신나기만 하네요. 아빠가 자신을 목마 태우고 거울에 비친 모습을 보며 스케치를 하는 모습이 재밌기도 하고 신기하기도 한 거겠죠?

04

질문도
연습이 필요해요

the Museum
for Baby

◈　레오나르도 다빈치, 스티브 잡스, 빌 게이츠의 공통점. 전 세계에서 주목하는 가장 똑똑한 민족, 유대인입니다. 유대인 엄마들은 아이들에게 "오늘 학교에서 뭘 배웠니?"라고 질문하지 않고 "오늘 학교에서 무슨 질문을 했니?"라고 묻는다는 건 매우 유명한 이야기입니다.

엄마에게 이 질문을 들은 유대인 아이들은 '오늘 무엇이 궁금했고, 무얼 배웠지?'를 다시 생각할 뿐 아니라, 나아가 선생님께 질문을 하는 게 중요하다는 것을 되새기게 됩니다. 엄마로서는 아이가 요즘 무엇에 관심을 갖고 있는지, 아이의 학교생활이 어떤지 파악할 수 있습니다.

이렇게 유대인 엄마와 아이처럼 질문하기 위해서는 미리 해두어야 할 게 있어요. 아이에게 질문 습관을 만들어주는 거예요. 궁금한 게 있을 때 질문할 수 있도록 미리 이끌어주어야, 궁금한 게 있을 때 아이가 적절하게 질문을 할 수 있습니다.

아이가 질문할 때 "아직도 그걸 모르면 어떡하니?" 같은 반응을 보이면 아이는 이해하지 못하고도 이해하는 척, 모르면서도 알고 있는 척할 것입니다. 무얼 물어도 "이따가 물어봐." "네가 직접 찾아볼래?" 하고 질문을 가볍게 넘겨버리면 아이는 점차 묻기를 포기해버립니다. 아이가 "달이 왜 모양이 바뀌어요?"를 물었는데, 자전, 공전, 일식, 월식까지 알아들을 수 없는 단어들을 마구 끌어다 일방적으로 쏟아부으면 아이는 '엄마는 아는 게 많은데 나는 하나도 모르네.' 하고 입을 꾹 다물겠죠.

할아버지 방에는 온갖 종류의 새가 있습니다. 깃털이 화려한 새, 목이 긴 새, 무시무시하게 생긴 새, 작고 귀여운 새 등. 아이들은 틈만

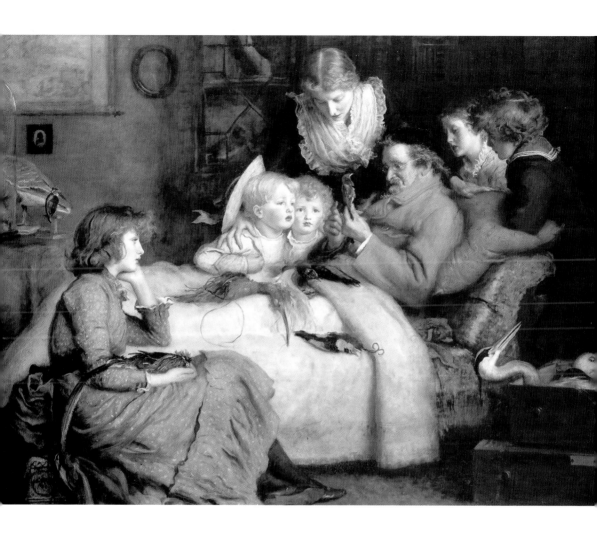

존 에버렛 밀레이
영원한 열정

1885 | Oil on Canvas
160.7 × 215.9cm
Kelvingrove Art Gallery and Museum, Glasgow

John Everett Millais
Ruling Passion

나면 할아버지 방에서 질문 보따리를 쏟아놓습니다. 할아버지는 꽤 오랜 기간 새에 대해 연구하신 것 같아요. 아이들이 궁금해하는 새에 대해 차분히 설명하고 있습니다. 아이들은 목을 쭉 빼고 할아버지의 말에 경청하고 있어요.

바쁜 엄마와 달리 할아버지는 몸이 좋지 않아 침대에 계십니다. 아이들의 질문 세례를 기다리고 있었을지 몰라요. 아는 것을 나눠주고, 대화를 나눌 기회가 되니까요. 평생을 새 연구에 몰두하신 할아버지의 열정이 손자들에게 전달되고 있는 듯합니다.

아이가 궁금해하는 모든 걸 대답해줄 수는 없겠죠.
다만 질문하는 행위 자체를 어려워하지 않는
아이로 키울 수 있어요.

질문이 폭발하는 네다섯 살 시기는 엄마로서 힘든 시기예요. 계속해서 질문을 하고 답을 요구하거든요. 한번은 첫째의 질문 횟수를 세어보았더니 하루에 80회도 넘게 하더라고요. 때론 너무도 어처구니없는 질문이라, 때론 설명해주기 어려운 질문이라 모든 질문에 대답을 할 순 없었지만 적어도 "무슨 그런 질문을 하니?" "이제 질문 좀 그만할래?"처럼 질문하는 행동 자체를 나무라지 않으려 주의했어요.

아이가 알아들을 수 있도록 간결하게 답해주세요.
그리고 아이의 생각을 물어보세요.
아이에게 자꾸 질문을 던져보세요.
아이가 엄마와 대화가 재미있다고 느껴야,
자꾸 질문을 시도하게 됩니다.

05

머리가 꽉 막혀
답답할 때

the Museum
for Baby

◆ 　체력적으로나 정신적으로 지쳐서 머리가 조금도 돌아가지 않을 때가 있죠. 그럴 때 가장 좋은 건 열 일 제쳐두고 어딘가 콕 박혀 푹 쉬는 것이겠지만, 필요하다면 어디선가 자극을 받아서라도 머리를 써야 할 때가 있어요. 저의 경우 학기 말이 가까워지면 기존에 챙겨야 할 일들 위에 생각지도 못한 일들이 쌓여갑니다. 해야 할 일들에 치여 집중이 되지 않고 머리가 꽉 막힐 때, 이 그림을 봅니다.

마치 새벽인 듯 어두운 산 위에 한 남자가 있습니다. 쭉 뻗은 손과 고개를 치켜든 자세에서 이 남성의 진취적인 기상을 느낄 수 있습니다. 남자가 서 있는 곳을 중심으로, 머리 위 하늘에서는 무언가 신비로운 기운이 뻗어나가며 남자에게 힘을 불어넣고 있습니다.

그림 제목을 통해 성경 속 〈모세〉 이야기를 그린 그림이란 걸 알 수 있지만, 때로 그림의 배경 지식은 중요하지 않습니다. 이 뾰족한 산이 주는 상승 기운과 오묘한 하늘이 주는 신비한 느낌, 전체적으로 파란 색감이 선사하는 청량감을 통해 머릿속을 깨웠다면 충분합니다.

니콜라스 뢰리치
모세

Nicholas Roerich
Moses the Leader

1926 | Tempera on Canvas
73.5 × 119.5cm
Roerich Museum, Moscow

06

손으로 직접
사부작사부작

the Museum
for Baby

◆   엄마가 손을 많이 움직이면 배 속 아기에게 좋다고 해서 간단한 바느질이나 뜨개질, 자수 등을 태교로 많이 합니다. 사실 엄마가 바느질을 하면서 얻을 수 있는 것은 심신 안정 측면에서 효과가 큽니다. 아이를 생각하며 섬세한 작업에 몰두함으로써 복잡한 생각과 스트레스에서 잠시 자유로워질 수 있어요. 또한 결과물이 완성되면 기쁨과 성취감도 느낄 수 있고요.

뜨개질이나 바느질은 손의 근육을 섬세하게 사용하도록 유도하기에 뇌를 자극해 뇌 건강을 유지하는 데 좋은 영향을 줍니다. 다만 어른의 경우 운동 신경이 이미 다 자란 상태라 손을 움직인다고 머리가 더 좋아진다거나 손재주가 늘거나 하지는 않아요.

하지만 아이의 손 운동은 다릅니다. 일본의 뇌과학자 구보타 기소 박사에 의하면 아이 때부터 손을 많이 쓸수록 손재주기 좋아진다고 합니다. 또한 아이가 손재주가 발달하고 있다는 건 뇌가 잘 발달하고 있다는 의미입니다. 뇌에서 손에 섬세한 운동 신호를 보낼 수 있다는 것이고, 손에서 느껴지는 미세한 감각이 뇌에 잘 전달되고 있다는 의미니까요. 즉 뇌와 연결된 신경다발이 튼튼하게 발달하고 있는 것입니다.

이 손과 뇌를 연결하는 신경은
아이일 때 손을 많이 쓸수록 섬세하게 발달하지만
어른이 되면 성장이 멈춰요.
그러니 어렸을 때 손을 많이 써봐야 합니다.

요즘 아이들은 손을 섬세하게 쓸 기회가 확 줄었어요. 예전에는 새 종이 인형이 갖고 싶으면 하루 종일 가위로 종이 인형을 오려야 했습니다. 딱지치기에서 이기기 위해서는 빳빳한 종이로 수없이 딱지를 접어야 했고요. 구슬치기를 하려면 섬세한 손놀림과 힘 조절은 필수였습니다. 놀이터 흙장난은 예삿일이었고요. 그렇다고 무조건 옛것이 옳다는 건 아닙니다. 다만 예전 엄마라면 신경 쓰지 않아도 되었을 것을 좀 더 신경써주어야 한다는 거죠.

점토를 조물조물하면서 놀이를 하면 스트레스도 풀리고 손 운동도 됩니다. 종이를 가위로 오리거나 뜯어 붙이는 미술 놀이를 함께 하는 것, 아이와 카드놀이를 할 때 오래 걸리고 서툴더라도 아이가 직접 섞을 수 있도록 기회를 주는 것, 채소를 다듬을 때 아이에게 기회를 주는 것도 좋습니다. 과일을 깎는 것도 좋습니다. 물론 아이가 칼을 다루는 데 충분히 능숙해질 때까진 아이용 플라스틱 칼 같은 걸 주고, 다치지 않도록 도와줘야겠죠.

그림 속 남자아이는 과일을 깎는 데 열중하고 있습니다. 온전한 과일 모양을 그대로 유지하며 과일을 깎는 것에서 능숙한 손놀림을 느낄 수 있어요. 과일을 이렇게 잘 깎을 수 있게 될 때까지는 꽤 오랜 연습이 필요하지요. 과일의 강도와 크기에 따라 과일을 쥐는 힘도, 칼을 누르는 힘도 조절할 수 있어야 하거든요.

어른의 눈으로 보면 느리고 서툴 수도 있고, 아이가 별로 의미 없는 데 시간을 보내는 것처럼 보일 수 있어요. 불필요한 것들은 어른들이 대신 해주면 더 효율적이라고 느낄 수도 있죠. 하지만 어린 시절에 하는 모든 경험에는 효율성을 뛰어넘는 큰 의미가 있어요.

미켈란젤로 메리시 다 카라바조
과일 깎는 소년

Michelangelo Merisi da Caravaggio
Boy Peeling Fruit

1592-1593 | Oil on Canvas
75.5 × 64.4cm
Location Longhi Collection, Rome

07

때론 멍하니
보내도 좋아요

the Museum
for Baby

◆　해마다 '뇌를 쉬게 하자!'는 모토로 멍 때리기 대회가 열리고 있습니다. 심지어 해외에서도 따라 열었다는 기사도 봤습니다. 멍 때리기는 단순히 복잡한 생각을 지우고 홀가분한 기분을 느끼기 위한 것은 아니에요.

멍 때리기는 뇌의 효율성을 높이는 데 도움이 됩니다.《멍 때려라》라는 책에서는 멍 때리는 것, 즉 뇌가 쉬는 것이 집중력을 높이고 뇌의 피로감을 낮추는 데 중요한 역할을 한다고 이야기한 바 있습니다.

그림 속 아이 에스뵤욘은 화가 칼 라르손의 막내아들입니다. 1900년생으로 알려져 있으니 열두 살이겠네요. 책상 앞에 앉아 몸을 뒤로 기울이고 창밖의 풍경을 멍하니 쳐다보고 있습니다. 아예 주머니에 손을 꽂아 넣은 것이, 본격적으로 쉬기로 한 듯합니다.

머릿속을 충분히 다 비운 뒤 아이는 숙제에
더 깊이 몰입할 수 있을 것입니다.

이 그림은 선이 단정하고 명도와 채도가 높은 컬러로 채색되어 있어 노란색, 빨간색 같은 난색이 중심에 쓰였음에도 밝고 시원하죠. 원색의 조화가 지친 뇌를 리셋합니다. 숙제를 앞두고 한가하게 자기만의 생각에 빠져 있는 소년을 보고 긴장감이 풀리는 경험을 하는 분들도 있습니다.

제가 이 그림에서 주목한 것은 여기서 끝이 아닙니다. 그림을 보면 소년의 책상 옆으로는 호기심을 자극하는 인형과 지구본이 나란히 배치되어 있지요. 즐거운 환경에서 공부하는 것이 좋다는 연구 결과가 있습니다.

한 다큐멘터리에서 아이들 주변에 흥미를 끄는 장난감들을 두고 문제를 풀게 하는 실험을 했습니다. A그룹 학생들에게는 다소 강압적으로 1시간 동안 문제 80개를 다 풀라고 지시했습니다. B그룹 학생

1912
Pencil, Watercolour and Gouache on Paper
74.3 × 68.6cm | Private collection

칼 라르손
숙제 중인 에스뵈욘

Carl Larsson
Esbjorn Doing his Homework

들에게는 80개 문제 중 몇 문제를 풀 건지 스스로 정하게 하고, 약속한 문제를 다 풀면 장난감도 마음껏 가지고 놀 수 있게 했습니다. 10개, 20개, B그룹 아이들은 자유롭게 풀 문제의 수를 정해 약속했어요.

A그룹 아이들은 다소 경직된 상태로 문제 80개를 다 푼 뒤로도 장난감을 건드리지 않고 선생님을 기다립니다. B그룹 아이들은 문제를 푸는 중간 중간 장난감을 가지고 놉니다. 그런데 B그룹 아이들 모두 약속했던 문제 수보다 훨씬 많은 80개를 다 풀었습니다.

실험 결과, B그룹의 평균이 더 높았습니다. 무엇보다 눈에 띈 것은 '무슨 문제를 풀었는지 기억이 나니?' 묻는 질문에 A그룹은 잘 기억을 못한 반면 B그룹 아이들은 기억을 더 많이 했다는 거예요.

같은 시간을 공부해도 자유로운 환경에서
스스로 목표를 정하고 즐겁게 공부를 하는 것이
강요된 환경에서 공부하는 것보다
훨씬 좋은 결과를 냅니다.

문제는 아이가 책상 앞에 앉지 않으려 한다는 것이겠죠. 아이가 어렸을 때부터 좋아하는 활동을 책상에 앉아 할 수 있도록 기회를 만들어주세요. 책을 읽고, 만들기를 하고, 낙서를 하는 것 같은 즐거운 활동을 책상에 앉아서 할 수 있어야 공부도 할 수 있을 테니까요.
라르손과 아이는 이미 이 사실을 알고 있었나 봅니다. 좋은 풍경이
보이는 곳에 책상을 둔 것만 봐도요.

한 가지 더, 그림 속에서 숨은 라르손을 찾아보세요.

Chapter 6

The Museum
for
Creative Baby

창의력이
자라는 시간

01

손끝 스치는 대로
만들어지는 경험

*the Museum
for Baby*

◆ 요즘 아이들 장난감을 보면 컬러 점토조차 도넛 만들기, 아이스크림 만들기 등 용도가 세분화되어 나옵니다. 블록도 시리즈별로 남자아이용 여자아이용이 따로 있고, 다양한 각도에서 연출된 완성 사진이 박스 겉면을 장식합니다. 안에는 블록 사이즈뿐 아니라 컬러까지 정확히 지정된 조립 과정을 설명해주는 두툼한 설명서가 들어 있지요. 두뇌 개발에 도움이 된다고 하는 아이용 보드게임도 마찬가지입니다. 아이가 규칙을 이해해야 제대로 가지고 놀 수 있어요.

미술 치료를 위해 만났던 아이 중에 빈 종이에 아무 그림이나 그려 보라 하자 아무것도 그리지 못하던 아이가 떠오릅니다. '집을 그려 볼래?' '나무를 그려볼까?' 하고 주제를 주어야만 마지못해 그림을 그렸고, 매우 정형화된 집과 나무만 그리고 크레파스를 딱 놓았어 요. 아이는 장난감도 정해진 용도 외의 방법으로는 가지고 놀기 어 려워했어요. 여섯 살밖에 되지 않았는데도 정답을 맞추지 못할까 봐 시도를 망설이는 모습이 보여서 안타까웠습니다.

아이에게 장난감의 용도를 설명해주지 마세요. 장난감을 구입하면 박스는 바로 치워버리세요. 아이들은 정해진 용도를 모른 채 블록 한 조각을 가지고도 전화 놀이를 할 수 있어야 하고, 기차인 양 칙 칙 폭폭 놀이를 할 수 있어야 합니다. 블록을 단순하게 높이높이 쌓 다가 어느 날 문득 넘어진 모습에서 다리를 연상하고 자동차가 지 나는 놀이를 할 수 있어야 합니다. 그러다 혼자서 놀이터를 만들었 다가 주유소를 만들었다가 할 수 있어야 합니다. 아이가 만든 게 전 혀 놀이터나 주유소처럼 생기지 않았다 해도 상관없습니다.

창의력의 시작이 거창한 게 아닙니다.
생각한 대로 놀 수 있어야 창의력이 자랍니다.
그런데 어른들이 정해둔 장난감의 용도가
아이의 창의력을 방해합니다.

그림 속 아이들은 옷이 더러워지는 것은 아랑곳 않고 해변에 앉아 모래놀이를 하고 있습니다. 각자 등을 돌린 채 자신만의 놀이에 푹 빠져 있습니다. 모래는 아이가 만지는 대로 모양이 바뀌어 창의력을 발휘하기 좋으며, 완성된 모습을 보고 '내가 완성했어.' 하는 자아효능감을 느낄 수 있습니다. 물에 젖으면 잘 뭉치고 마르면 잘 흩어지는 모래의 특성을 배울 좋은 기회이기도 합니다.

아이와 그림을 보며 그림 속 아이들이 무엇을 하고 있는지, 무엇을 만들고 있는지 이야기 나눠보세요. 아이는 자신을 그림 속에 투영해 하고 싶은 것을 쉽게 떠올리고 이야기할 것입니다. 아이와 명화를 감상하고 이야기 나누고 때론 그림을 잘라 붙이는 등의 활동은 아이의 창의력과 정서 지능 발달에 도움이 됩니다. 또한 어렸을 때부터 심미안을 기를 기회도 되고요.

메리 커샛
해변에서 노는 아이들

1884 | Oil on Canvas
97.7 × 74.3cm
National Gallery of Art, Washington, D.C.

Mary Cassatt
Children Playing On The Beach

Mary Cassatt

창의력도 자라는
과정이 있어요

the Museum
for Baby

◆ 창의력이라고 하면 세상에 없던 것을 창조해내는 특별한 능력을 떠올립니다. 피카소, 고흐처럼 자신만의 독특한 화풍을 만들고 오래 사랑받는 작품들을 만든 화가라면 창의력이 뛰어나다고 볼 수 있겠죠. 이들의 작품은 기존의 규칙에서 완전히 자유롭고, 현실을 있는 그대로 화폭에 담지 않았기 때문에 왠지 즉흥적으로 마음 가는 대로 그렸을 것 같은 느낌이 듭니다.

빈센트 반 고흐
별이 빛나는 밤

Vincent van Gogh
The Starry Night

1889 │ Oil on Canvas
73.7 × 92.1cm
Museum of Modern Art, New York

그러나 피카소는 작품 하나를 그리면서 40점 이상의 스케치를 남긴 바 있고, 고흐는 채색된 그림보다 몇 배 많은 스케치 그림이 남아 있습니다. 〈씨 뿌리는 사람〉 그림의 경우 밀레의 그림을 따라서 스케치를 한 것을 시작으로 수년에 걸쳐 비슷한 구도의 수많은 스케치와 여러 점의 채색 그림을 남겼어요.

고흐의 가장 유명한 작품 중 하나인 〈별이 빛나는 밤〉입니다. 고흐 특유의 소용돌이치는 듯한 밤하늘과 화사한 별과 달, 땅에서 솟구치는 듯한 사이프러스 나무가 큰 존재감을 드러내고 있습니다. 고흐는 이 작품을 본격적으로 그리기 전에 비슷한 구도의 스케치를 여러 장 그렸습니다. 스케치가 마음에 들도록 완성되고 나서야 본격적으로 그림을 그리기 시작한 듯, 완성작과 거의 흡사합니다.

창의력이 머릿속에서만 맴돌면 공상이나 상상으로만 남게 됩니다. 천재라고 불리는 피카소나 고흐도 창의력을 현실화시키기까지 수많은 과정을 거쳤습니다. 창의력을 현실로 옮기려면 이들처럼 차곡차곡 계단을 쌓는 과정이 필요합니다. 아이의 꾸준한 노력이 있어야 하고 이 과정에 부모의 응원과 신뢰가 더욱 필요하지요.

창의력은 폭죽처럼 한순간 빵 터져 오르는 게 아닙니다.
창의력을 발현시키는 힘은 실패를 두려워하지 않는
용기와 실행을 거듭하는 끈기에 있습니다.

빈센트 반 고흐
별이 빛나는 밤

1889 | Drawing, Pen and Indian Ink on Paper | 47 × 62.5cm
Shchusev Museum of Architecture, Moscow

Vincent van Gogh
The Starry Night

03

———— ❦ ————

나만의 시선을
키울 수 있도록

———— ❦ ————

*the Museum
for Baby*

◆ 숨은 그림 찾기 놀이. 저는 어릴 때 이 놀이가 정말 재미있었습니다. 쓱 봐서는 평범한 그림인데 꼼꼼히 살펴보면 그림의 틈새에 예상치 못한 형태의 그림이 숨어 있거나 겹쳐 있어요. 숨은 그림을 찾는 데 집중하다 보면 정답이 아닌데도 마치 그 모양처럼 보이는 경우가 있어, 그게 정답인지 아닌지 헷갈릴 때도 종종 있었어요.

그뿐이 아닙니다. 아이 때는 그림자가 드리워진 것만 봐도 상상 속 괴물을 불러올 줄 압니다. 뭉게뭉게 흘러가는 구름 사이로 다양한 동물들을 보지요. 모르는 게 더 많아서 그 틈을 상상이 채웁니다.

미술치료 프로그램 중에 난화 그리기가 있습니다. 우선 빈 종이에 아무 의미 없는 선을 마구 그리도록 합니다. 그러고 나서 어지러이 교차된 선들 속에서 다양한 형태를 찾아보도록 합니다. 의미 없이 그은 선들인데 보는 사람마다 다른 형태를 찾고 다양하게 해석을 합니다. 현재 심리 상태에 따라 다르게 보고 해석하는 거죠. 그런데 나이가 들수록 숨은 그림을 잘 찾지 못합니다. 반면 상상력이 풍부한 아이들은 생각지도 못한 숨은 그림들을 잘도 찾아냅니다.

특별한 형태 없이 읽히는 그림은 이처럼 상상력을 발휘할 기회를 줍니다. 특히 칸딘스키는 그림을 그릴 때 총천연색을 활용해, 두뇌 자극에도 도움이 됩니다.

딱딱하게 굳은 두뇌를 말랑말랑하게 만들 시간입니다.
그림을 보고 상상력을 발휘해보세요.
남편과 아이는 무엇을 보았는지 물어보고
이야기를 나눠보세요.

바실리 칸딘스키
구성 IV

1911 | Oil on Canvas
159.5 × 250.5cm
Kunstsammlung Nordrhein-Westfallen, Dusseldorf

Vassily Kandinsky
Composition IV

04

마르지 않는 샘처럼
호기심이 퐁퐁

*the Museum
for Baby*

◈   발끝을 부드럽게 감싸는 모래사장, 발목에 찰랑찰랑 감기는 파도, 시원한 파도 소리, 끼룩끼룩 갈매기 소리, 머리카락을 흩트리는 바람, 코끝에 느껴지는 바다냄새……. 언젠가 가본 바닷가가 떠오르지 않나요? 그리고 또 어떤 기억이 떠오르나요?

다양한 감각이 동시에 자극받는다는 것은, 뇌도 다양하게 자극받고 있다는 거예요.

에드워드 헨리 포타스트
여름날, 브링턴 해변

circa 1910–1920 | Oil on Panel

Edward Henry Potthast

30.5 × 40.6cm

Summer Day, Brighton Beach

Private Collection

아이들에게 자연만큼 좋은 자극처는
없습니다. 자연이 주는 감각은 불규칙하고
계속 변화하기 때문이에요.

같은 산에 가도 나뭇잎 색깔이 달라져 있고, 목 뒤를 스치는 바람의 온도가 다릅니다. 같은 공간에 있는 사람들도 바뀌어 있습니다. 피어 있는 꽃도, 꽃과 함께 있는 곤충도 계속해서 변화합니다. 자연은 늘 다른 풍경과 감각을 선사합니다. 자연 속에서 아이들의 호기심이 늘 퐁퐁 샘솟는 이유지요.

꼭 자연에 나가지 않더라도 아이에게 다양한 자극을 선사해주는 곳은 많아요. 요즘은 미술관에서도 아이들이 직접 참여해서 만져보고, 만들어볼 수 있도록 체험 프로그램을 제공하는 곳이 많습니다. 실내 놀이 공간도, 밀가루나 곡물, 모래 등을 이용해 놀 수 있게 한 곳들이 많고요.

어딘가 가기 어려울 때는 과거에 느꼈던 감각을 머릿속에서 되살리는 것도 감각 자극에 도움이 됩니다. 그림을 보며 바다에 대한 기억을 되살려보세요. 발끝에 닿던 차가운 바닷물, 파도소리와 갈매기 소리, 바다 냄새. 잠시 잊고 있던 그날의 감각을 떠올려보세요.

05

상상 속에 있어
더 아름다운 것

the Museum
for Baby

◆   앙리 루소는 따로 그림을 배운 적이 없습니다. 멕시코에 가본 적이 있다고 말하고 다녔지만 사실은 정글 근처에 가본 적 없는 건 물론이고 프랑스를 떠나본 적도 없었다고 해요. 대신 한 번도 본 적 없는 정글을 그리기 위해 파리 식물원에서 시간을 보냈습니다. 그 곳에는 박제된 야생동물들과 열대식물이 가득한 온실이 있었기 때 문이죠. 앙리 루소 그림 속 동물들이 덤덤하고 차분한 표정인 게 왠 지 이해가 가네요.

앙리 루소 그림은 무언가 재미있는 이야기를 들려줄 것 같습니다. 그림의 보는 누구나 상상 속 정글로 이끌려 들어가요. 세상 어디에 도 없을 것 같으면서도 왠지 어딘가에 있을 것 같은 아름다운 그곳. 이국적인 나무와 풀, 형형색색의 꽃과 열대의 동물들이 마치 동화 속 같습니다.

그림을 배운 적 없지만 자신만의 독특한 화풍을 완성한 앙리 루소 그림의 힘이 사실, 정글을 직접 보지 못해서 나온 것이라니 상상 속 에만 있어서 더 아름다운 게 있네요.

앙리 루소
수사자와 암사자가 있는
이국적 풍경의 아프리카

Henri Rousseau
Exotic Landscape with
Lion and Lioness in Africa

circa 1903-1910 | Oil on Canvas
60.5 × 80cm
Private Collection

06

함께 이야기를
그려보는 시간

the Museum
for Baby

◆ "엄마 나는 공주님이에요." "아빠처럼 멋있어지고 싶어요."
빨리 자라서 어른이 되고 싶고, 공주님도 되고 싶고, 요정도 되고 싶
은 아이들. 위험하지만 않다면, 실현이 가능한 소원이라면, 특별한
날 아이에게 변신할 기회를 주세요. 이 그림은 아이들이 좋아하는
그림입니다. 꽃이나 하트 모양, 산타클로스 모자, 칼 등 익숙한 것들
이 그려 있어서 이야기를 나누기에도 좋아요.

무슨 날일까요? 아이들은 축제처럼 망토를 두르고, 멋진 모자와 화관을 쓰고, 키만큼 큰 칼도 들었습니다. 아직 세단을 오르고 있는 아이들로 미루어볼 때, 여기까지 올 때도 줄을 서서 왔을 거예요. 큰 옷이 발에 걸려 넘어지지 않게 한 걸음 한 걸음 조심해서 여기까지 걸어온 아이들의 모습이 눈에 선합니다. 계단 및 문 밖에서는 어른처럼 보이는 누군가가 바이올린을 켜 아이들의 퍼레이드를 더 풍성하게 만들어주고 있어요.

그림의 제목이 〈통나무집에서의 영명 축일〉인 걸 보니 아이들은 좋아하는 사람의 영명 축일을 축하하기 위해 깜짝 파티를 연 듯해요. 가톨릭 신자들은 생일만큼 크게 기념하는 날이에요. 아이들이 도착한 곳은 침대 앞입니다. 어른들은 이제 막 잠에서 깨어난 듯 침대 밖으로 나오지도 못했어요. 축하를 받는 사람도 아직 얼떨떨한 것 같아요. 잠에서 깨기 전 깜짝 파티를 해주기 위해 아이들은 며칠 전부터 계획을 세우고 전날부터 설레며 준비를 했을 거예요. 아직 생생한 꽃들이 아이들의 설렘을 이야기해줍니다.

아이와 함께 그림을 보고 이야기를 만들어보세요. 이 그림 속 아이들 모습 중 어떤 모습이 가장 흥미로운지 물어보고 이야기 나눠보세요 좋은 그림을 함께 보고 이야기를 나누면 이해력이 좋아지고, 정서적으로 안정감이 더 커집니다.

칼 라르손
통나무집에서의 영명 축일

1898 | Watercolor on Paper
32 × 43cm
Nationalmuseum, Stockholm

Carl Larsson
Nameday at the Storage House

07

온전히 아이 뜻대로
놀게 해주세요

*the Museum
for Baby*

◆ "아이들은 잘 놀지?"

제가 초보 엄마 시절, 양쪽 어른들께서는 안부를 챙기실 때마다 아이들의 '놀이'를 물으셨어요. 아이들이 잘 놀지 않으면 어딘가 아프거나 문제가 있다고 여기셨던 것이죠.

놀이란 뭘까요? 어른들은 스트레스를 해소하고 즐거움을 채우려고 놀이를 합니다. 아이의 놀이는 이보다 훨씬 중요합니다. 아이들은 놀이를 통해 과거의 경험을 재구성하고, 규칙을 배웁니다. 또래 아이들과 경쟁과 협동을 번갈아 경험하며 사회성을 키워나갑니다. 갈등을 해결하는 법을 배우고, 때론 억압된 감정을 해소하기도 합니다. 아이에게 놀이는 어떠한 공부보다 더 값지고 귀하죠.

한스 안데르센 브렌데킬데
비눗방울

Hans Andersen Brendekilde
Soap-bubbles

1906 │ Oil on Canvas
54×69cm
Private Collection

프뢰벨은 놀이를 한마디로 "아이가 가지고 있는 본성의 자유로운 활동 표현인 동시에 삶에 대한 연습"이라고 말했습니다.

그림 속 아이들은 꼬마 과학자들입니다. 변변찮은 재료 없이도 드디어 비눗방울 만들기에 성공했거든요. 아이들의 염원을 담은 비눗방울 하나가 아이들 머리 위로 높이 떠오릅니다. 아이들은 잠시 하던 일을 멈추고 올라가는 비눗방울에 시선을 빼앗겨버렸습니다. 오직 한 아이만 비눗방울이 터질 새라 크게 움직이지도 못하고 잔뜩 굳은 자세로 새로운 비눗방울을 만들고 있어요.

이렇게 아이의 놀이는 아이로부터 시작되어야 합니다. 놀이는 내적 동기에 의해 지속되기 때문에 아이 스스로가 재미를 느껴야 진행되거든요. 아이가 어렸을 때는 함께 놀아주어야겠지만, 조금 자라 혼자서도 잘 논다면 개입하지 말고 지켜만 보세요. 아이의 놀이가 끝나고 나서 일상 대화를 나눌 수 있는 시간이 되면, 아까 놀이에서 느꼈던 것, 신기했던 것에 대해 이야기 나눠요.

놀이의 기본 에너지는 자발성입니다.
'언제, 뭐하고 놀지, 놀이를 언제 끝낼지'를 결정하는 건 반드시 아이여야 합니다.

08

익숙한 것을
낯설게 보기

the Museum
for Baby

◈ "요새는 뭘 하든 하나도 재미가 없어요. 매일 같은 날이 반복되다 보니 자꾸 축 처지기만 하고 의욕도 없어요."

어른이 된다는 건 세상에 새롭고 신기한 게 조금씩 줄어드는 과정 같습니다. 사회 생활을 하다 보면 하루하루가 같은 날의 반복처럼 느껴질 때가 있어요. 오늘이 어제와 같고, 1년 전과도 크게 변화가 없다고 느낄 때, 재미도 없고 의욕도 사라지죠.

에드워드 위즈위스
해변의 가장자리

Edward Wadsworth
The Beached Margin

1937 | Tempera on Linen
71.1 × 101.6cm
Tate galleries, London

재미도 의욕도 사라진 분들이 보면 좋은 그림입니다.
이 그림은 아이 때 세상을 생각나게 합니다.

아이 때는 눈에 보이는 모든 것을 신기해하고, 알고 싶어 하고, 가까이 가서 만져보고 싶어 하고, 도전해보고 싶어서 심심할 틈이 별로 없습니다. 어른들에게는 해변에 꽂힌 어부의 막대와 잡동사니, 보트 몇 척이 떠 있는 평범한 바닷가일 수 있지만, 처음 불가사리를 본 아이는 겁을 냈다가 '작은 별' 노래도 불러보고 뒤집어도 보고 신기해서 어쩔 줄을 모르죠.

엄마라면 아이의 창의력과 상상력, 호기심을 늘 지켜볼 수 있으니 얼마나 좋아요. 아이의 눈높이에서 세상을 함께 바라보세요. 아이를 안정감뿐 아니라 엄마를 위해 아이의 창의력과 상상력, 호기심과 늘 함께하세요.

The Happy

for Happy

Part 2

행복한
엄마를 위한
미술관

Museum
Mom

Chapter 7

The Museum
for
Comfortable Times

편안한 시간이
필요할 때

01

불면증에 시달릴 때

the Museum
for Mom

◆ 　엄마가 되는 과정에서 그동안 일상적이라 별로 의식하지 못했던 것들을 새롭게 느끼곤 합니다. 모두가 공감하는 것 중 하나는 잠의 소중함일 거예요. 임신 초기에는 입덧과 낮에 쏟아지는 잠 때문에 밤잠을 이루기 어렵고, 중기에는 엄마가 된다는 불안감 때문에, 후기에는 불러오는 배 때문에 불편하고 화장실을 오가느라 잠을 자기 어렵고 뒤척이는 경우가 많아요. 잠을 자더라도 꿈을 꾸다 급히 깨어나는 경우도 많고요. 아기가 세상에 태어나고 나면 새벽에도 수시로 먹고 노는 아기 때문에 자고 싶을 때 잘 수 없고, 이미 흐트러진 수면 패턴 때문에 잘 기회가 와도 쉽게 잠에 들지 못하는 경우가 많습니다.

클로드 모네
수련

circa 1915-1926 | Oil on Canvas

200 × 425.5cm

Nelson-Atkins Museum of Art, Kansas

Claude Monet

Water Lilies

수면 부족과 불면증 때문에 잠이 부족하면 뇌 활동이 떨어집니다. 소위 말하는 멍한 상태가 계속되면 삶의 질에도 영향을 미치죠. 에너지가 떨어지니 우울한 감정이 강해지고 무기력해요. 일을 해도 생산성이 떨어지니 뭔가를 하는 데 시간도 오래 걸리고 더 피로해집니다. 통증에도 감각이 둔해지고 자극 반응 속도도 떨어집니다. 감정 조절력은 떨어지고 그러면서도 신경만은 날카로워 욱할 때도 많고요. 너무 피곤해 엉엉 울어버렸다는 분들도 많습니다.

이 모든 안 좋은 점들 외에도, 푹 자는 건 그 자체로 정말 좋죠. 잠을 오래 깊이 자지 못한다면 틈날 때마다 눈을 붙이고 휴식을 취해야 합니다.

쉽게 잠들지 못하고 뒤척일 때 보면 좋은 그림입니다.

모네는 연작 그림을 많이 그렸는데, 그중에서 수련을 주제로 한 그림은 200점이 넘습니다. 주로 집 정원에 있던 연못을 보며 날씨와 계절, 빛, 화가의 위치에 따라 다르게 보이는 연못과 그때의 심상을 담으려 노력했어요. 햇살이 강하게 내리쬐는 연못, 어둡고 흐린 날의 연못 등 다양한 그림이 있지만 이 보랏빛 연못을 그림은 특히 잠이 쉽게 오지 않을 때 보면 좋습니다.

보라색은 가시광선 중에 가장 파장이 짧은 색이며,
가장 파장이 긴 빨강과 대비되는 색입니다.

빨간색이 생명의 활동력을 끌어 올리는 색이라면, 스펙트럼의 반대쪽에 위치한 보라색은 활동력을 가라앉히고 휴식을 도와주는 색입니다. 보라색은 유채색 중에서 가장 명도가 낮은 색이고, 어둡고 깊고 무거우며, 신비감을 줍니다. 균형감이 있고, 감정을 차분하게 가라앉히는 효과가 있어요. 따라서 너무 피곤해서 예민해져 있는 긴장을 풀어주고, 제대로 휴식을 취할 수 있도록 도와줍니다.

02

자꾸
악몽을 꾼다면

the Museum
for Mom

◆ 꿈을 자주 꾸지 않던 사람도 임신 기간 중에는 꿈을 꾸는 경우가 많습니다. 엄마가 된다는 기대감과 행복감 한편으로는 두려움과 부담감, 그리고 호르몬의 변화로 하룻밤에도 몇 번씩 악몽을 꾸다 간신히 깨어나곤 합니다.

외상 후 스트레스 장애나 약에 의한 부작용, 정신질환의 표출로 인한 악몽이라면 치료가 필요할 수 있지만, 임신으로 인한 악몽은 최대한 편안한 몸과 마음으로 잠자리에 드는 것으로 충분해요.

페더 세버린 크뢰이어

여름밤 스카겐 남쪽 해변, 안나 앙케와 마리 크뢰이어

Peder Severin Krøyer

Summer evening at the South beach, Skagen. Anna Ancher and Marie Krøyer

1893 | Oil on Canvas

60 × 38.5cm

Hirschsprung Collection, Copenhagen

어둠이 내리기 시작한 잔잔한 바닷가 그림이 우리를
편안한 잠으로 인도합니다.

파란색은 신경을 안정시킨다는 여러 보고가 있습니다. 명도가 낮은
그림은 신체 에너지를 낮춰 잘 준비를 하게 합니다. 파도를 따라 느
리게 걷고 있는 여성들은 어떤 이야기를 나누고 있을까요? 시원하
면서도 차분한 분위기가 깊은 잠으로 우리를 인도합니다.

약간의 노력을 더한다면 잠자기 전에 따뜻한 우유나 견과류, 바나
나를 섭취하면 숙면에 도움이 됩니다. 배가 부른 상태에서 잠이 들
면 불편할 수밖에 없으니 자기 전에 과식은 피하세요. 침실 온도는
서늘한 게 숙면에 좋아요.

무엇보다 늘 마음을 편히 갖는 게 우선입니다. 그림을 보며 편안한
마음을 가지려고 노력하고, 긍정적인 부분을 생각하세요. 지금 하는
걱정의 대부분은 당장 어찌 할 수 없는 것들입니다. 잠자리에서 자
꾸 잡념이 든다면 '오늘 고민은 내일로 미루자.' 생각하세요. 가벼운
스트레칭과 명상, 기도 등으로 몸과 마음의 평안을 찾으시기 바랍
니다.

03

울렁거리는 속을
가라앉히는 색

the Museum
for Mom

◆   신기하게도 임신 사실을 알게 됨과 동시에 입덧을 경험했다는 분이 많습니다. 비밀은 입덧의 기간에 있습니다. 보통 임신 5주부터 시작해 16주 정도까지 지속되는데 그때쯤 임신 사실을 알게 되는 경우가 많기 때문이죠. 하루 종일 롤러코스터를 타는 듯 속이 메슥거려 평소에 잘 먹던 음식도 도저히 넘어가지 않습니다. 후각과 미각이 예민해져 일상에서 나는 냄새에도 울렁거리고 심한 경우 구토도 하게 됩니다.

입덧을 완화시켜주는 그림입니다.

한의학에서 장기 중 위를 노란색으로 표현합니다. 위는 스트레스와
도 연결되어 있습니다. 스트레스를 많이 받을 경우 위에 탈이 나기
도 하고 메슥거리기도 하죠. 노란색 그림은 위가 불편하고 메슥거
릴 때 안정감을 줍니다.

이 그림의 경우 원색의 도형들이 균형감 있게 배치되어 있습니다.
굵은 검정색 선이 위아래를 단단히 잡아주고 그 안을 원과 삼각형
이 구조적으로 자리 잡고 있습니다. 특히 노란 삼각형이 중앙에 위
치해 있어 화사하고 밝은 느낌을 줍니다. 이 그림의 전체적인 느낌
을 주도하는 원과 파란색 모두 편안함을 가져다주는 요소입니다.
주황색은 몸을 따뜻하게 해주는 색으로 건강한 머리카락, 손톱, 뼈
를 형성하는 데 효과적이라 임산부에게 도움을 주는 색상입니다.
혈액순환을 촉진하고 신체 에너지를 향상시키기도 하죠.

속이 메슥거리고 불편하다면 잘 보이는 곳에 이 그림을 걸어두시고
수시로 감상해보세요. 훨씬 편안해질 겁니다.

오귀스트 에르벵
알파벳 조형 II

Auguste Herbin
Alphabet Plastique II
1950

04

자꾸 멍하고
기운이 없다면

the Museum
for Mom

◆   온몸이 축 처지고 무기력증에서 벗어나기 힘들 때는 외부 자극
이 필요합니다. 차가운 공기는 일시적으로 몸의 세포를 긴장시키고
머릿속을 상쾌하게 해줍니다. 온몸의 감각이 생생하게 살아납니다.

전통적으로 몸의 냉기는 치료해야 할 것으로 여겨져 찬 음식, 찬 공
기를 피해야 할 것으로 여겨왔습니다. 하지만 최근에는 각종 연구
를 통해 차가운 것들의 긍정적인 영향이 밝혀지고 있습니다.

우리 몸에는 흰 지방과 갈색 지방이 있는데, 갈색 지방은 갓난아기 이후 서의 사라져버립니다. 그런데 추위는 갈색 지방을 활성화시킵니다. 갈색 지방은 흰 지방보다 체온 조절과 체중 유지에 훨씬 효과적입니다. 찬물로 샤워를 하면 스트레스 대항에 필요한 코르티솔과 노르에피네프린 같은 호르몬 수치가 높아져 통증을 낮추고 일상에 활기를 더해줍니다. 또한 임산부에게는 뜨거운 것보단 약간 차가운 게 좋습니다. 열은 아이 뇌에 치명적인 영향을 미치기 때문이지요.

물론 잠깐 동안 차가운 공기와 접촉하는 게 몸에 활기를 더해준다는 의미지 계속 추위에 떨어야 한다는 뜻은 아니에요. 추운 데 너무 오래 있으면 근육과 혈관이 수축하고 혈압이 상승합니다. 하지만 기운이 없고 답답하다면, 무기력한 일상이 반복되고 있다면 차가운 공기를 통해 온몸의 세포를 깨우시기 바랍니다. 지금 차가운 기운이 느껴지는 계절이라면 문을 열고 찬 공기를 들이마셔 보세요.

하지만 지금 한겨울이 아니라 찬바람을 쐬기 어렵다면 차가운 기운이 느껴지는 그림도 기분을 환기시키는 데 도움이 됩니다. 심리학자들과 광고학자들은 시각이 신체에 미치는 영향을 오랜 시간 연구해왔습니다. 연구 결과에 따르면 눈에 보이는 것들이 신체 반응과 감정에 영향을 미칩니다.

보리스 쿠스토디예프의 그림은 무기력한 기운을
끌어올리는 데 매우 좋은 자극이 됩니다.

그림의 전체적인 색깔부터 볼까요. 하단 부분은 차가운 눈이 깔려
있지만 밝은 파스텔 톤으로 표현해 날카롭지 않고 편안한 느낌을
줍니다. 연보랏빛은 파란색과 붉은 색이 결합되어 조화로운 느낌을
주는 색입니다. 하늘은 핑크색, 노란색, 민트색이 어우러져 마치 솜
사탕처럼 달콤해 보입니다. 특히 녹색 계열은 자연을 상징하며 고
요하고 차분한 느낌을 줍니다.

이 그림은 코끝 시린 겨울을 생각나게 하지만, 가슴까지 차가울 정
도의 황량하고 썰렁한 겨울은 아닙니다. 아직 긴 겨울이 끝나지 않
았지만, 추위에 몸을 꽁꽁 싸매고 이불까지 덮고도 화려한 장식 마
차를 타고 눈밭을 달리는 사람들의 밝은 표정에는 곧 다가올 봄을
기다리며 겨울의 마지막을 만끽하는 설렘과 환희가 담겨 있습니다.
쌓인 눈밭에서 썰매를 타며 눈싸움을 하는 아이들, 회전목마에 잔뜩
모여 있는 인파들을 통해 청량감과 좋은 기분을 함께 느껴보세요.

보리스 쿠스토디예프
러시아: 마슬레니짜 축제

1916 | Oil on Canvas
89 × 190.5cm
State Russian Museum, St. Petersburg

Boris Kustodiev
Russian: Maslenitsa

05

늘어나는 식욕을
잠재우고 싶나요?

*the Museum
for Mom*

◆   임신과 스트레스로 식욕이 증가해 고민인 분들이 많습니다. 체중이 급격히 증가하면 임신성 당뇨가 올 수 있고, 임신성 고혈압의 위험도 있기에 이 역시 조절이 필요합니다. 돌아서면 허기지고 계속 입맛이 당긴다면 심리적으로 식욕을 조금 낮춰주는 그림이 도움이 될 수 있어요.

색채심리학에서는 식욕을 떨어트리는 색으로 파란색을 꼽습니다. 빨간색 그릇에 음식을 담을 때보다 파란색 그릇에 음식을 담으면 음식 섭취량이 줄어든다는 실험 결과가 있습니다. 유럽 황실에서는 파란색 그릇에 적은 양의 음식을 담아내었다고 합니다. 일본은 세계적인 장수 국가죠. 일본인의 장수 비결을 소식하는 습관에서 찾곤 하는데, 일본의 그릇이 작고 푸른색이 많아서 자연히 소식을 하게 되었다는 이야기도 있습니다.

파란색이 많이 사용된 작품을 감상하는 것도
식욕 조절에 도움이 됩니다.

어둠이 짙게 내린 거리 위로 비가 흠뻑 내려 촉촉이 젖었습니다. 가까이 있는 건물도 잘 보이지 않을 만큼 흐린 밤, 마차 소리가 젖은 땅을 울립니다. 빗소리를 상상하며 마음을 안정시켜 보세요. 폭포수 소리, 파도치는 소리, 시냇물 소리, 나뭇가지가 바람에 스치는 소리 같은 백색 소음들은 뇌의 알파파를 더 증가시킵니다. 즉 심리적으로 안정감이 생기고 주변 환경이 주는 스트레스에서 벗어나기 쉽습니다.

최근 폭식이 거듭돼 고민이거나, 식사 양을 줄일 필요가 있다면 이 그림을 식탁 근처에 걸어두거나, 파란색 접시를 사용해보시기 바랍니다.

차일드 하삼
야상곡, 철도 건널목, 시카고

Childe Hassam
1892–1893   *Nocturne, Railway Crossing, Chicago*

06

사라진 입맛
자연스레 되찾기

the Museum
for Mom

◆　임신 중에 식욕이 사라져 의무감으로 먹는다는 분들이 있습니다. 출산 후에도 수면 부족으로 인해 섭식 문제가 계속돼 어려움을 호소하는 경우가 많아요. 잠이 부족하면 뇌 기능이 무뎌져 입맛이 사라지는 한편 배부름을 느끼지 못해 폭식을 하는 경우도 있습니다. 또 임신 전후의 우울증은 제대로 식사를 챙기기 힘들게 합니다.

임신 중에는 엄마 몸에 있는 영양분이 아기에게로 가기 때문에 영양 섭취가 매우 중요합니다. 임신 중이 아니더라도 음식이 몸의 에너지원이기 때문에 아무리 입맛이 없어도 규칙적으로 적당히 먹는 것이 좋고요.

이 그림을 보면 입에 침이 고이고 식욕이 돋습니다.
무엇보다 행복한 감성이 듭니다.

아기자기한 문양의 핑크색 테이블보가 덮인 테이블이 있습니다. 그 위에는 레몬처럼 생긴 노란 과일과 자두 같은 빨간 과일이 자유롭게 놓여 있습니다. 테이블 한쪽에는 알록달록 꽃들이 꽂힌 도자기 화병이 있습니다. 이들을 감싼 배경 역시 파스텔 톤으로 부드럽고 밝습니다.

식욕을 자극하기에는 붉은 색 만큼 좋은 색이 없습니다. 보기만 해도 상큼한 레몬이 입맛을 살아나게 합니다. 채도 높은 컬러들이 침체된 몸과 마음을 가볍게 만들어줍니다. 식탁 근처에 걸어두면 분위기가 밝아지고 식욕이 다시 돌아올 수 있을 거예요.

앙리 마티스
핑크색 테이블보

1924-1925 | Oil on Canvas

60.3 × 81cm

Kelvingrove Art Gallery and Museum, Glasgow

Henri Matisse
The Pink Tablecloth

07

두통이 밀려올 때
평온해지는 그림

the Museum
for Mom

◆ 임신 초기부터 크고 작은 두통에 시달리게 됩니다. 임신 중 두통의 원인은 다양합니다. 호르몬의 변화 때문일 수 있고, 빈혈로 인한 두통일 수도 있습니다. 혈압 변화로 인해 두통이 오는 경우도 있어요. 배 속 아기가 신경 쓰여 긴장된 자세로 생활하다 보니 어깨 근육이 뭉쳐서 두통이 오는 경우도 있습니다. 두통이 심하다면 병원에서 진단을 받아야 하지만, 임신성 고혈압이나 빈혈처럼 병원의 관리가 필요한 두통을 제외하고는 약을 먹을 수도, 치료를 할 수도 없으니 그냥 참아야 하는 경우가 더 많습니다.

두통 완화에 효과가 있는 그림입니다. 시원하게 펼쳐진 프레임을 벗어난 그림이 재미있습니다. 자유롭게 틀에서 벗어난 그림들은 수많은 고민과 생각들이 하나씩 자유롭게 흩어지는 듯한 느낌을 줍니다. 이 그림을 보며 두통을 가라앉혀보세요. 더불어 신선한 공기를 마시거나 어깨 마사지를 받으세요. 스트레칭을 하면 기분도 한결 나아질거에요.

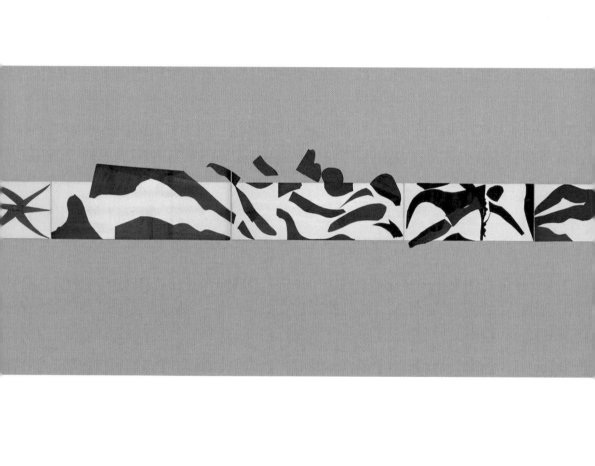

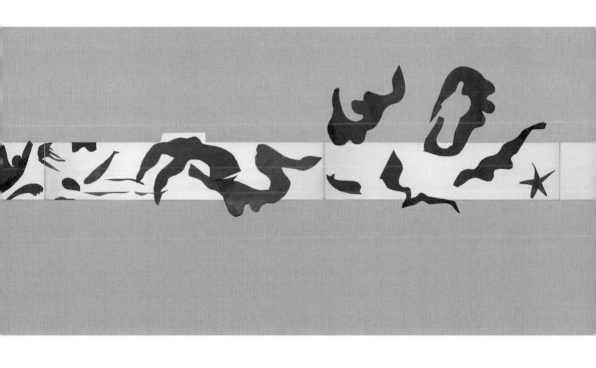

앙리 마티스
수영장

1952 | Gouache on Paper, Cut and Pasted, on Painted Paper
185.4 × 1643.3cm

Henri Matisse
The Swimming Pool

Chapter 8

The Museum
for
My Stress-free Times

———————◆———————

스트레스에서
벗어나기

01

스트레스에서
재빨리 벗어나는 법

the Museum
for Mom

◈　　인지신경학자 이안 로버트슨은 아무런 스트레스를 받지 않는 것보다 적당한 스트레스를 받는 것이 좋다는 연구 결과를 발표했습니다. 적당한 스트레스를 경험하는 것은 외상 후 스트레스 장애 같은 더 큰 스트레스를 이기는 데 힘이 된다는 연구 결과도 있습니다. 하지만 '적당한' 스트레스이지 극심한 스트레스가 아닙니다.

스트레스 때문에 힘들다고 호소하며, 스트레스를 어떻게 이겨내야 하느냐고 묻는 분들이 많습니다. 저는 이렇게 말씀드립니다.
"스트레스는 이겨야 할 대상이 아니에요. 피해야 할 대상입니다."

스트레스의 징조가 닥치면
잔뜩 웅크리고 가지고 있지 말고 재빨리 피해야 합니다.
지금 스트레스 상황이 몰려온다는 것을 알아차리고,
그 상황에서 벗어나야 합니다.

일단 도망가는 게 핵심입니다. 스트레스가 끼어들지 못하는 나만의 틈새가 필요합니다. 어딜 꼭 가야 하는 건 아니에요. 잠시 가볍게 산책을 해도 좋습니다. 재빨리 좋아하는 음악을 듣거나, 낙서를 하거나, 그림을 감상하는 것도 좋습니다. 특히 임신 중에는 스트레스를 받으면 배가 뭉치고 아이도 함께 스트레스를 견뎌야 합니다. 부정적인 것에서 잠시라도 벗어나는 것이 좋습니다.

그림 속 소녀는 나비에게 푹 빠져 있습니다. 나비가 날아가버릴까 고개도 푹 수그리지 못한 채 눈만 살짝 내리깔고 나비를 바라봅니다. 숨소리조차 잘 들리지 않는 공간에 있을 것 같은 느낌입니다. 방해하는 사람 없이 팔랑팔랑 나비의 날갯짓만 느껴지는 고요한 시간. 그림을 가만히 들여다보면서 잠시 소녀처럼 모든 것을 잊고 지금 눈앞의 아름다운 나비에 집중해보세요.

지금 현재의 문제를 너무 크게 생각하지 마세요. 어차피 그 스트레스도 언젠가는 지나갈 것입니다. 멀리 보면 그리 큰 문제는 아닐 수 있습니다. 좋아하는 것을 보며 잠시 현실에서 도피하세요.

세라 팩스턴 볼 도슨
나비

Oil on Canvas

57 × 42.5cm

Bonhams Gallery, London

Sarah Paxton Ball Dodson

Butterflies

02

조용하고
차분한 곳으로

*the Museum
for Mom*

◆　스트레스가 장시간 누적되어 임시방편으로는 좀처럼 해소되지 않을 때가 있습니다. 그럴 땐 좀 더 적극적인 해결책이 필요합니다. 푸른 바다와 숲 같은 차분한 풍경 속으로 들어가는 것이 좋아요. 캘리포니아 대학의 한 연구 결과, 고요한 풍경 이미지를 보여주자 스트레스 호르몬인 코르티솔 수치가 낮아졌습니다.

시간이 없고, 장거리를 이동할 수 없다고 속상해하지 마세요. 고요하고 차분한 풍경을 실제로 볼 여건이 되지 않는 경우에는 조용한 공간을 찾아 눈을 감고 호흡에 집중하며 머릿속에 떠올리는 것도 도움이 됩니다.

키몬 로기
비아리츠 해변

Kimon Loghi
Biarritz Beach

때론 바다나 숲에 직접 찾아보는 것보다 그림으로 만나는 게 더 효과적일 수 있습니다. 꿈꾸는 공간에 닿기까지의 과정에서 겪을 스트레스를 피할 수 있습니다. 막히는 도로에서 느껴지는 갑갑함, 예상치 못한 멀미, 긴 외출에 소요되는 비용, 불편한 의자를 감내하지 않아도 됩니다. 원하는 시간에 좋아하는 그림을 펼쳐 보기만 하면 되죠.

그림은 현실과는 또 다른 아름다움을 갖고 있습니다. 그림으로는 자연이 들려주는 소리와 향기, 바람 같은 생생한 감각을 느낄 수는 없겠지요. 하지만 조금만 눈을 돌리면 어수선하고 일상적인 풍경은 생략하고 곧바로 아름다운 풍경을 감상할 수 있습니다. 게다가 그냥 보아도 아름다울 풍경이 화가에 의해 더욱 아름답게 재구성돼 우리 앞에 있습니다. 오랜 시간을 사랑받은 아름다운 그림입니다.

지금 파도조차 잔잔한 한낮의 바닷가입니다. 핑크색 꽃들이 화사하게 피어 있는 나무 그늘 아래 잔디에 앉아 있습니다. 따뜻한 미풍이 살랑 불면 꽃잎이 어깨 위로 하늘하늘 흩어져 내립니다. 옆으로는 노란 들꽃이 피어 있습니다. 넓게 펼쳐진 바다 위로 하얀 보트만이 떠 있습니다.

잠시 이 풍경 속에서 지친 마음을 쉬어보세요.

03

아무것도
하지 않는 시간

*the Museum
for Mom*

❖ "아무것도 하지 않으면 너무 불안해요."

미술치료실에서 만난 엄마들 중에는 불안한 마음이 든다고 호소하는 분들이 많습니다. 사실은 아이를 돌보고 크고 작은 집안일을 챙기느라 정신없이 바쁘면서도 회사에 나가 일을 하지 않는다고, 스스로를 아무것도 하지 않는 사람이라고 평가하면서 조급해합니다. 특히 아기를 낳기 전까지 일을 하던 엄마의 경우 무언가 해야 할 것 같은 느낌을 강하게 받는 듯합니다. 그게 우울감과 스트레스가 되어 자꾸 마음을 갉아먹는 경우를 많이 보았어요.

무언가 더 하지 못해 자신을 채근하는 엄마일수록 이야기를 나눠보면, 사실은 바늘 하나 들어갈 틈이 없을 정도로 하루를 빽빽하게 채우는 경우가 많아요. 스스로에게 '하는 일이 없다'고 평가를 내리고 있으니 주어진 일을 더 잘하려고 하고, 완벽하게 하려고 신경을 쏟습니다. 그게 집안일이든 육아든 최선을 다합니다.

아무것도 안 하고 있다고 스스로를 평가하는 것, 어쩌면 요즘 엄마들로서는 당연히 거치는 수순인 듯합니다.

정규 교육 과정 속에서는 성적이라는 지표로, 사회에 나가서는 연차와 연봉으로 노력의 결과를 확인했는데, 아기를 낳고 나자 갑자기 객관적인 지표가 사라져버렸습니다. 대신 스스로의 보람과 주변 사람들의 감사라는 주관적인 지표로 행동을 평가받게 됩니다. 그러다 보니 어딘가 부족하고 불안한 것이지요.

스스로 아무것도 하지 않는다고 느끼고 불안하다면, 진짜 아무것도 하지 않는 시간이 필요합니다. 이렇게 빈 시간이 있어야 지친 머릿속이 정비되고 스트레스도 날아갑니다. 긍정적인 마음을 충전할 수 있습니다. 덤으로 아기를 낳고 나서 심해진 건망증도 개선되고요. 그림 속 여인처럼 아무 의미 없이 시간을 보내보세요. 그림을 보니 어떤가요? 스스로와 약속한 시간 동안은 자리에서 일어나지도, 스마트폰을 들여다보지도 말고 오직 멍하게 쉬는 거예요.

존 윌리엄 워터하우스
흰 깃털 부채

John William Waterhouse
The White Feather Fan

1879 | Oil on Canvas
49.6 × 36.2cm | Private Collection

04

변하는 몸이
낯설게 느껴질 때

the Museum
for Mom

◆　엄마들의 스트레스 중 신체 변화에 대한 스트레스도 빼놓을 수 없습니다. 출산이라는 큰 사건을 경험하고 나면 몸이 예전과 같지 않다는 것을 느낍니다. 크게 부풀어 올랐던 몸은 출산과 모유수유로 인해 푹 꺼졌고, 좁아진 활동 반경으로 인해 체중도 증가합니다. 갑자기 줄어버린 머리숱도 당황스럽고, 피로한 날은 눈이 아파 글씨가 잘 보이지 않습니다. 몸의 변화는 커다란 스트레스로 다가옵니다.

페더 세버린 크뢰이어
장미

Peder Severin Krøyer
Roses

1893 │ 67.5×76.5cm
Skagens Museum, Skagen

특정한 사건에 의한 갑작스런 스트레스와 달리 몸의 변화로 인한 스트레스는 매일 지속된다는 특징이 있습니다. 내 몸에서 도망갈 수도, 피할 수도 없으니 말이죠. 변화를 받아들이든, 몸을 변화시키든 오랜 시간이 필요합니다. 그러나 자신의 몸에 대한 스트레스는 자존감과도 연결되기 때문에 빨리 벗어나야 하는 스트레스이기도 합니다.

에든버러 대학 스트레스 연구팀에서는 숲이 스트레스 해소에 도움이 된다는 연구 결과를 발표했습니다. 그러면서 꼭 실제 나무나 식물이 아닌, 녹색의 색상이 우리 몸 속 신경전달물질을 순환시킨다는 것을 밝혀냈습니다.

몸의 변화로 인한 스트레스처럼
금세 떨쳐내기 힘든 스트레스에서 벗어나려면
공간을 녹색으로 꾸며보세요.

크고 작은 녹색 식물로 공간을 채워보세요. 쿠션이나 인테리어 소품에 채도가 옅은 따뜻한 녹색을 활용해보세요. 썰렁하게 넓기만 한 학교 운동장보다 작은 동네 공원을 걷는 것이 지분도 좋고 효과적이에요.

제가 결혼할 때 친구들로부터 선물로 받았던 그림입니다. 비록 작은 복사본이었지만 저의 초기 결혼생활에 큰 힘이 되었습니다. 새로운 환경에 대한 적응은 두려워요. 때론 불안하고 우울하기도 하죠. 그럴 때마다 흘러내리는 드레스를 입고 의자에 편안히 앉아 독서를 하고 있는 여인의 그림을 보면 때론 부럽기도 했지만 잠시간의 휴식이 되었습니다.

이 그림에는 특별한 힘이 있습니다. 장미덩굴과 잔디가 만드는 아치형의 구도가 안정감을 주어 더욱 편안한 마음이 들게 합니다. 또한 여인에게 시선을 집중시키는 효과가 있습니다. 이런 구도가 그림 속으로 빨려 들어갈 수 있도록 도와줍니다.

05

부정적인 생각이
파고들 때

*the Museum
for Mom*

◈   꼭 호르몬 때문이 아니더라도 아기를 갖고 출산하는 과정에서 신체 에너지가 고갈됩니다. 충전할 틈도 없이 엄마로서의 의무감이 잔뜩 지워지면 누구라도 부정적인 생각이 들 수밖에 없습니다. 신체 에너지가 잔뜩 떨어진 상태에서 즐거운 생각을 하기란 불가능할 거예요.

게다가 주위에서는 온통 아이 이야기만 궁금해합니다. "아이는 잘 먹니?" "아이는 잘 자고?" 일상적인 인사말도 신체 밸런스가 무너져 늘 피로하고 지친 상태에서 반복적으로 듣게 되면, '이제 나는 사라지고 아이 엄마로서의 나만 남는구나.' 하는 부정적인 생각으로 다가옵니다. 아이의 안부를 묻는 사람들의 입장에서는 아이 안부가 곧 엄마 안부겠지만, 산후 우울감에 빠져 있는 엄마로서는 아이 안부가 곧 의무감과 부담감처럼 느껴지기도 해요.

갑자기 주어진 엄마로서의 역할이 버겁고 우울하거나
부정적인 생각에 사로잡혀 있다면 노란색 그림을 보세요.

컬러테라피에서 노란색은 어린 아이처럼 지칠 줄 모르는 에너지,
밝고 긍정적인 활력을 불러일으키는 색입니다. 부정적인 생각을 몰
아내고 즐겁고 웃음을 만들어내는 효과가 있습니다. 또한 진짜 마
음속 아픔을 입 밖으로 꺼내지 못하는 사람도 이야기를 털어놓게
하는 힘을 지녔습니다.

이 그림은 특히 햇살을 잔뜩 품은 명도 높은 컬러들로 구성되어 있
어 마음을 더 따뜻하게 해줍니다. 거기다 중앙에 편히 앉은 여성에
게 자신의 상황을 대입함으로서 따뜻한 햇살을 받고 있는 듯한 느
낌을 갖게 합니다. 여인이 들고 있는, 빛을 잔뜩 받아 노란색으로 빛
나는 오렌지색 동그란 우산이 부정적인 생각에서 구해줄 거예요.

안나 앙케
오렌지색 우산을 쓴 정원의 젊은 여인

1915 | Oil on Canvas

20 × 31.8cm

Funen's Art Museum, Odense

Anna Ancher

Young Girl in a Garden with Orange Umbrella

06

나만 빼고
행복한 것 같나요?

the Museum
for Mom

◆   주변 사람들에게 엄마로서의 삶이 힘이 든다고 이야기하면 '조금만 힘내.' '금방 지나간대.' 응원이 쏟아지지만 그 효과는 잠시뿐 오롯이 혼자 견뎌야 하는 시간은 훨씬 깁니다. 그래서 같은 고민을 안고 있는 육아 동지들과 고민을 공유하고, 다른 사람에게서 아이를 키우는 노하우를 배워보려 SNS에 접속합니다.

SNS 속에는 육아 고수들이 정말 많습니다. 아이 두셋을 키우면서도 식판 다섯 칸을 가득 채워 세 끼 식사를 챙기는 엄마, 새롭고 핫한 놀이 공간을 매일 찾아다니는 엄마, 유기농 천으로 손수 지은 옷만 입히는 엄마, 값비싼 교구들로 다양하게 학습을 시키는 엄마 등 간신히 아이 하나 챙기는 내 모습과 달라도 한참 다른 엄마들이 세상엔 어찌 그리 많은지 몰라요.

파울 클레
성장하는 밤의 식물

Paul Klee   1922 | Oil on Canvas
Growth of the Night Plants   47.2 × 33.9cm

"다른 엄마들은 다 잘하는데 저만 왜 이리 힘들까요?"라고 말하는 엄마들은 나와 일면식도 없는 SNS 속 엄마에 비해 자신은 부족하고 초라하다고 이야기합니다. 행복해 보이는 타인에 비해 나는 너무 우울해서 비참하게 느껴지기도 합니다.

아니에요. 엄마를 부족하게 만드는 건 SNS 그 자체입니다. SNS의 정서적 영향에 대해 많은 학자들이 관심을 갖고 있습니다. SNS가 사회적 지지감을 높이고 행복감을 주기도 하지만 고독감을 증가시킬 수 있고, 소통에 오히려 방해가 된다는 연구도 있지요.

파울 클레의 그림은
나의 깊숙한 내면을 바라보게 합니다.

모두 잠든 조용한 시간에 그림을 펼치고 나의 내면을 들여다보세요. 오늘 아침부터 지금까지 하루를 돌아보세요. 그 과정에서 내 감정이 어땠는지 되짚어보세요. 아프고 속상한 감정이 느껴졌다면 그 이유를 생각해봅시다. 그것이 반복적으로 나를 괴롭히는 감정인가요? 그 감정에서 벗어나려면 어떤 노력을 해야 할까요? 반대로 기쁘고 뿌듯한 감정이 느껴졌다면 그 이유를 찾아보세요. 어떨 때 그런 긍정적인 감정을 자주 느끼는지 떠올려보세요. 이 과정을 반복하다 보면 밝고 긍정적인 엄마로 살기 위해 무엇에 집중하고 무엇을 되도록 피해야 할지 알 수 있을 거예요.

07

걱정을
품어주는 호수

*the Museum
for Mom*

◆　나만 아는 호수가 있습니다. 너무 아파 지우고 싶은 상처, 너무 부끄러워 잊고 싶은 기억, 오래 묵었지만 해결되지 않는 영원한 걱정을 종이에 적고, 혼자만 마지막으로 읽어본 뒤 호수에 버립니다. 트라우마 치료, 심리테라피를 진행할 때 열고 싶지 않은 마음들은 마음 속 호수에 묻어둡니다.

지금 무언가 해결되지 않은 걱정 때문에 마음 아픈가요?
그 걱정을 작은 종이에 써보세요.
반으로 접어 내 손 위에 살포시 올려놓으세요.
이제 걱정을 반으로 접고 그림을 보며
나만 알고 있는 그 호수에 던지세요.

페르디낭 호들러
셰브르에서 본 제네바 호수

Ferdinand Hodler
The Lake Geneva from Chexbres

1898 | Oil on Canvas
100.5 × 130cm
Private Collection

Chapter 9

The Museum
for
My Strong Times

좀 더 단단한
엄마가 될 수 있기를

01

좋은 엄마가
될 수 있어요

*the Museum
for Mom*

◆   예비 엄마나 갓 엄마가 된 분들을 미술 치료할 때 자기 모습을 그려보도록 합니다. 그림 속 엄마들은 표정이 없고 손이나 자세가 경직되어 있는 채 그냥 우두커니 서 있는 경우가 많습니다. "무엇을 하고 계신 건가요?" 하고 물어보면 대부분 "글쎄요." "뭐 할지 모르고 있어요."처럼 어떤 감정을 넣어야 할지, 무슨 행동을 해야 할지 모른다고 대답합니다.

백은배
산수인물영모도

白殷培
山水人物翎毛圖

1820-? | 종이에 채색
14 9 × 23.6cm
국립중앙박물관, 서울

이런 엄마들과 이야기를 나눠보면 '나 하나도 제대로 챙기지 못하는데 내가 엄마가 될 수 있을까?' 하는 걱정과 '엄마로서의 역할을 다해야 하는데 뭘 해야 하지?' 하는 압박감, '잘해야 하는데 무엇을 잘해야 하지?' 하는 막연한 마음이 큰 것을 발견할 수 있습니다.

그것은 비단 엄마만이 겪는 감정은 아니에요.
처음 하는 모든 일은 낯설고 불안한 감정이 수반됩니다.

초등학교를 졸업하고 처음 중학교에 등교하던 날, 배정받은 교실로 들어설 때 마냥 설레고 즐거웠나요? 긴장되고 떨리던 감정도 함께였습니다. '어떤 친구들을 만나게 될까?' '새로운 학교에 잘 적응할 수 있을까?' 하는 불안감이 있습니다. 무언가를 처음으로 할 때는 늘 크고 작은 긴장감이 함께합니다.

다만 엄마로의 변화의 폭이 너무도 커서 긴장감도 불안감도 강하게 느껴집니다. 소중한 생명이 온전히 나에게 맡겨졌기에 책임감도 크고 부담도 되는 거죠. 엄마가 되고 느껴지는 감정들은 다 옳습니다. 온갖 감정에 흔들리고 있다는 사실은 이미 좋은 엄마가 되고 있다는 의미기도 합니다. 잘하고 싶어서 어렵고 힘이 든 거거든요.

부정적인 감정이 밀려들 때 이 그림을 보세요. 선명한 검정색은 든든함, 균형감을 느끼게 합니다. 반면 옅게 채색된 나뭇잎은 봄의 화창한 날씨를 연상시키며 상쾌한 감정을 선사합니다. 나무 위로 새들이 모여들고 있습니다. 소란하게 지저귀며 함께 이야기를 나누는 것 같아요. 지금 옆에 있는 많은 사람들의 단단한 믿음과 신뢰, 애정을 느낄 수 있도록 그림이 안내해줄 것입니다.

02

민음이라는
마법

the Museum
for Mom

◆　다른 아이들에 비해 집중력도 부족하고 엉뚱한 질문만 하는 에디슨은 초등학교에 입학한 지 3개월 만에 쫓겨납니다. 에디슨의 엄마는 아이가 궁금한 것을 공부할 수 있도록 집에 실험 도구를 구비해주어 과학자로 성장할 수 있도록 도와주지요. 말이 늦어 사람들의 걱정을 샀던 아인슈타인에게 엄마는 "늘 너를 믿는다."는 말을 들려주었습니다. 빌 게이츠의 어머니는 아들이 방문을 닫고 있을 때는 들어가지 않겠노라고 약속했고 그 약속을 지켰습니다. 덕분에 방에서 실컷 프로그램을 만들며 시간을 보낼 수 있었지요.

그림 속 엄마와 아이는 교차된 자세로 앉아 있어, 서로 뗄 수 없는 관계임을 보여주는 듯합니다. 엄마는 바닥에 앉아 무릎 위에 앉혀 아이 허리를 단단히 감고 있습니다. 아이도 안정감이 있는 듯 엄마가 씻겨주는 손길을 함께 바라보고 있어요.

아이의 모든 일을 쫓아다니며 대신해줄 수 없습니다.
대신 늘 곁에서 믿고 지지해주는 엄마가 되어주세요.

믿음은 한 번의 거창한 이벤트로 만들어지는 게 아닙니다. 일상 속 소소한 것들이 아이에게 믿음을 줍니다. 무언가 특별한 걸 해야 할 것 같은가요? 아마 대부분의 엄마들은 아이에게 믿음을 잘 쌓고 계실 거예요. 아이를 목욕시킬 때 단단하게 붙잡고 있는 것, 넘어질 때 곁에서 지켜주는 것, 속상해서 울고 있을 때 안아주는 것, 그런 사소한 것들이 아이들에게 믿음과 신뢰로 남습니다.

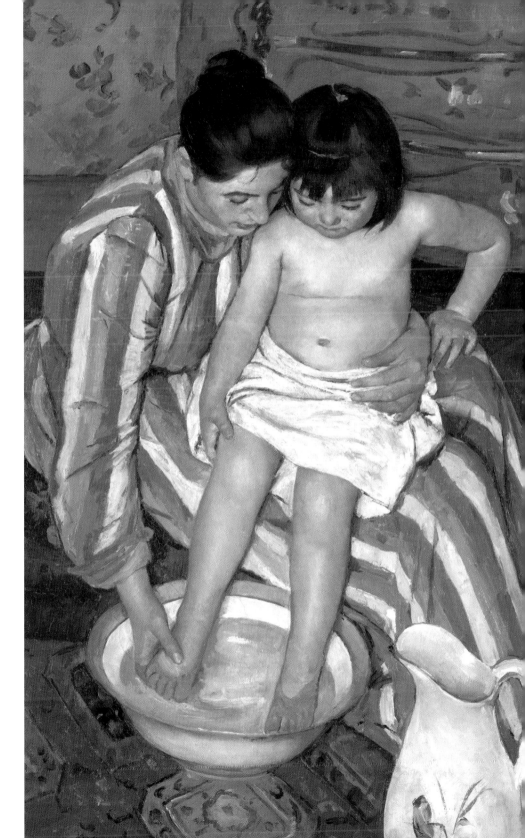

메리 커셋
아이의 목욕

Mary Cassatt
The Child's Bath

1893 | Oil on Canvas | 100×66cm
Art Institute of Chicago, Chicago

03

내 안의
엄마 잠재력

the Museum
for Mom

❖   조금도 지루한 걸 못 참아 늘 새로운 걸 찾아 도전하고, 궁금한 게 있으면 시간과 노력을 쏟아 꼭 배우고, 주말마다 어딘가 떠나 있던 제자가 결혼을 하고 예상보다 빨리 아기를 갖게 되었습니다. 한 자리에 한시도 가만 못 있던 제자는 자기가 지루한 걸 참지 못할까 봐, 급한 성격에 아이를 다그치게 될까 봐 우려했습니다.

출산한 뒤 오랜만에 만난 자리, 안부를 묻는 제게 제자는 스마트폰에 저장된 그림 하나를 보여주었습니다. "아기를 낳기 전에는 이 그림이 너무 정적이고 심심하다고 느껴졌어요. 그런데 아기를 낳고 키우며 우연히 다시 봤는데 엄마의 삶이 이런 것 같아요. 여기저기 풀어놓았던 실타래를 아이 도움을 받아 다시 하나로 모으는 과정이요. 제가 엄마로서는 잘 안 어울린다고 생각했는데 호기심이 아이에게로 향하니까 매일이 새롭고 재미있어요." 제자의 표정도, 그림도 참 아름답고 편안해 보였습니다.

엄마가 된다는 건, 이 그림처럼 여기저기 잔뜩 흩어져 있던 실오라기를 아이 도움으로 찬찬히 되감아 다시 실뭉치로 만드는 과정 같습니다. 흩어져 있을 때는 보이지 않던 나의 잠재력과 강점들을 새롭게 발견할 수 있지요.

프레더릭 레이턴
실타래 감기

Frederic Leighton
Winding the Skein

1878 | Oil on Canvas
100.3×161.3cm

04

엄마도 서서히
엄마로 자랍니다

*the Museum
for Mom*

◈ 어느 날 아기가 생기고 배 속에서 무럭무럭 자라나 품에 안깁니다. 아이가 태어난 순간부터는 대부분 몸을 회복할 겨를도 없이, 잠시 쉴 틈도 없이 바로 엄마의 삶이 시작됩니다. 엄마를 연습해본 적도 없는데 목을 제대로 가누지도 못하는 무력한 아이를 씻기고 입히고 먹여야 하는 세상 가장 중대한 일을 맡게 됩니다.

갓난아기를 키우는 엄마들이 보면 마치 자신처럼
느껴진다고 말하는 그림입니다.

요즘 같으면 성장 사진쯤 될 법한 그림입니다. 베란다에서 엄마가
아주 작은 아기를 안고 앉아 있습니다. 그런데 엄마의 표정이 약간
은 긴장한 듯 마냥 밝지만은 않아 보입니다. 엄마의 앞머리는 헝클
어졌고, 아이를 안은 자세도 조금 경직되었습니다. 희고 부드럽고
풍성한 옷이 아직 회복 중인 엄마의 상황을 보여주는 듯합니다. 그
럼에도 엄마는 아이를 머리까지 꽁꽁 싸매고 몸 위로 천을 한 번 더
감아 몸에 바싹 붙여 안고 있습니다. 엄마로서의 첫 걸음이 두렵고
긴장되지만 아마 잘해낼 수 있을 거예요.

이제 막 엄마가 된 이들은 모든 것이 낯설고 버겁습니다. 내 한 몸
건사하는 것도 어려운데, 혼자서는 아무것도 할 수 없는 아이가 태
어나 나만을 바라보고 있으니 말입니다. 서툴다고 좌절하지 마세
요. 아이가 자라는 속도에 맞춰 모두 서서히 엄마로 자라납니다.

Oil on Cardboard

59.5 × 49cm

Nicolae Tonitza

On the Veranda

니콜라에 토니차

베란다에서

05

문득 자신감이
사라져 불안할 때

the Museum
for Mom

◈　아기 천사가 찾아온 걸 처음 알게 되었을 때, 초음파를 통해 아이의 심장 소리를 처음 들었을 때, 세상에 나온 아이를 처음 품에 안으며 눈도 채 뜨지 못하는 아이를 지켜주겠다고 다짐했던 그때가 기억나나요? 어느 날 자신감이 사라지고 단단한 엄마가 되어줄 수 있을까 불안할 때, 평소보다 더 힘을 내야 할 때 첫 만남을 떠올려 보세요.

얀 슬뤼터스
일출

Jan Sluyters

Sunrise   1910 | Oil on Canvas

엄마라는 새로운 역할이 부여됐다는 건, 새로운 일이 주어졌다는 의미도 됩니다. 부딪히는 게 불편해 늘 갈등을 피해왔던 사람도 아이를 위해 부딪혀야 할 때도 있을 겁니다. 반면 늘 리더로 살았던 사람도 아이를 위해 한발 물러나 뒤를 따라야 할 일도 있을 겁니다. 엄마가 완벽한 사람이 될 필요는 없지만 아이에게 끝까지 최선을 다하는 모습을 보여줘야 할 때도 있을 거고요. 아이 때문에 좀 더 힘을 내야 할 때가 생길 거예요.

그동안 내가 만들었던 틀을 깨고
엄마로서 나아가야 할 때 보면 좋은 그림입니다.

떠오르는 태양이 밤하늘의 어둠을 일순 몰아내었습니다. 뜨거운 태양의 열기가 땅 위로 번져나갑니다. 태양에서 퍼진 에너지가 마치 파도처럼 가까이 다가오며 힘을 내라고 하는 것 같지 않나요?

06

완벽한 엄마라는
압박에서 벗어나기

the Museum
for Mom

◆ "아이를 잘 키우려고 노력하다 보니 어느덧 저는 없어져버렸어요." 엄마들은 아이에게 집중하느라 정작 자신에게는 소홀해서 아픔이 커진 상태에서 저를 찾아옵니다. 이렇게 힘든데 왜 계속 참았어요?" 물어보면 "힘든 게 당연한 줄 알았어요."라고 대답하는 엄마들이 많아요. 또 "이 시기가 평생을 좌우한다고 해서 꾹 참았어요."라고 대답하는 엄마들도 있어요.

요즘 엄마들은 육아 정보를 접할 기회가 많습니다. 특히 아이를 데리고 출연하는 방송들이 늘며 예능에서도 아이 키우는 법을 직간접적으로 보여줍니다. 육아 프로그램은 엄마들에게 무슨 이야기를 하고 있나요? 엄마가 조금만 실수해도 아이가 잘못 자랄 거라고 압박하는 듯한 방송들, 아이 때의 경험이 평생을 좌우한다는 전문가들의 코칭들이 엄마에게는 큰 압박감으로 다가옵니다.

엄마들의 목표가 '완벽한 엄마'가 되면 안 됩니다. 세상에는 완벽한 엄마도, 완벽한 육아도 없기 때문이죠.

생각해보세요. 결혼 전에 완벽한 딸이 되어본 적 있나요? 완벽한 학생이 되어본 적 있나요? 그동안 한 번이라도 완벽한 누군가가 되기 위해 조급해하고, 모든 것을 희생하고, 참으며 살아본 적 있나요? 완벽이라는 범위는 어디까지를 말할까요?

그림 속 아이가 엄마의 입에 손가락을 넣어 벌리고 오른손으로는 티스푼으로 차를 먹여주고 있습니다. 엄마와 아이의 역할이 바뀌었네요. 엄마에게 차를 떠먹여줄 수 있는 아이는 참 행복할 것입니다. 늘 엄마에게 받아먹기만 하다가, 이제 자신이 엄마에게 차를 먹여줄 수 있게 된 거죠. 무언가 해냈다는 자부심도 클 거예요.

엄마의 역할에 빈틈을 주세요. 아이가 엄마의 역할을 넘볼 수 있게 하세요. 엄마 안에서 자유롭게 놀고 안전하기만 하다면요. 이미 충분히 잘하고 있는 내 모습을 믿고 걱정도 긴장도 내려놓으세요.

게오르기오스 야코비데스
역할 전환

Georgios Jakobides

1892 · *Reversal of Roles*

07

혼자 모든 걸
끌어안고 있다면

---

*the Museum
for Mom*

◆ 아무리 좋은 그림을 보고 좋은 생각을 하려 해도 그 순간뿐 사소한 어려움들이 해결되지 않고 있나요? 몸과 마음이 힘든 상태가 오래 지속되고 있나요? 엄마로서의 역할이 부담스럽고 지치나요? 그렇다면 혹시 책임감이 강한 성격이라 스스로를 몰아붙이고 있는 건 아닌지 돌아보세요.

책임감이 강한 기질의 엄마는 처음부터 끝까지 모든 걸 책임지려고 합니다. 혼자 있을 때는 그럭저럭 잘해낼 수 있었을지 몰라도, 한 생명을 키우는 막중한 책임 앞에서는 심리적·정신적으로 압박을 받을 수 있어요.

프레더릭 레이턴
화가의 허니문

Frederic Leighton
The Painter's Honeymoon

Oil on Canvas | 83.8 × 76.8cm
Museum of Fine Arts, Boston

혼자서만 모든 걸 끌어안고 있지 말아요.
반려자에게 마음의 무게를 나눠주세요.

그림 제목은 〈화가의 허니문〉입니다. 그림 속 인물은 아마도 이제 막 결혼한 화가와 그의 아내일 것입니다. 두 사람은 조금의 틈도 허용하지 않겠다는 듯 바싹 붙어서 같은 캔버스를 바라보며 스케치를 완성해나가고 있어요.

이 그림을 보며 허니문 때를 떠올려보세요. 남편과 함께 같은 곳을 보며 미래를 그리던 그때가 기억나나요? 그때 캔버스에 그림을 그렸다면 어떤 그림이 그려졌을까요? 남편과 이 그림을 보며 함께 이야기 나눠보세요. 그때 그렸던 그림과 지금의 모습이 얼마나 차이가 나는지, 더 아름다운 그림을 만들기 위해 어떤 노력을 해야 할지 차분히 대화해보세요.

반성은 잠시 미뤄두어도 좋아요. 그때 꿈꾸던 것 중 이미 이룬 것들, 아직 이루지 못한 것들만 두고 함께 꿈을 채우기 위한 논의를 해봐요. 서로 같은 곳을 보고 이야기 나누는 시간, 그 자체로도 큰 힘이 되고 든든한 마음이 듭니다.

너에게 행복을 선물할게

1판 1쇄 발행 2017년 10월 20일
1판 3쇄 발행 2018년 9월 10일

지은이 김선현

발행인 양원석
본부장 김순미
편집장 최두은
디자인 RHK 디자인팀 조윤주, 김미선
해외저작권 황지현
제작 문태일
영업마케팅 최창규, 김용환, 정주호, 양정길, 이은혜, 신우섭,
　　　　　유가형, 임도진, 우정아, 김양석, 정문희, 김유정

펴낸 곳 ㈜알에이치코리아
주소 서울시 금천구 가산디지털2로 53, 20층 (가산동, 한라시그마밸리)
편집문의 02-6443-8854　　**구입문의** 02-6443-8838
홈페이지 http://rhk.co.kr
등록 2004년 1월 15일 제2-3726호

ⓒ김선현, 2017, Printed in Seoul, Korea

ISBN 978-89-255-6246-9 (03590)